普通高等教育"十三五"规划教材

水利工程制图

刘玉杰　于春艳　主编

化学工业出版社

·北京·

《水利工程制图》是依据教育部高等学校工程图学教学指导委员会 2010 年制定的《普通高等院校工程图学课程教学基本要求》，根据中华人民共和国水利部近年来发布的水利行业标准规范及近年来发布的《技术制图》等相关国家标准编成的。

　　《水利工程制图》共分为 10 章，主要内容有制图的基本知识、正投影基础、立体及其表面交线、轴测投影、组合体、工程形体的表达方法、水工建筑中的常见曲面、标高投影、水利工程图、建筑施工图。每一章后面均设有复习思考题。另有《水利工程制图习题集》（ISBN 978-7-122-34339-0）可与本教材配套使用。

　　本教材可作为普通高等学校水利类各专业的水利工程制图教材（参考教学时数为 48～80 学时），也可作为高职高专及各类成人教育学校相关课程教材。

图书在版编目（CIP）数据

水利工程制图/刘玉杰，于春艳主编. —北京：化学
工业出版社，2019.9（2024.8重印）
普通高等教育"十三五"规划教材
ISBN 978-7-122-34687-2

Ⅰ.①水… Ⅱ.①刘… ②于… Ⅲ.①水利工程-
工程制图-高等学校-教材 Ⅳ.①TV222.1

中国版本图书馆 CIP 数据核字（2019）第 118886 号

责任编辑：满悦芝　　　　　　　　　　文字编辑：吴开亮
责任校对：宋　玮　　　　　　　　　　装帧设计：张　辉

出版发行：化学工业出版社（北京市东城区青年湖南街 13 号　邮政编码 100011）
印　　装：北京天宇星印刷厂
787mm×1092mm　1/16　印张 13½　字数 336 千字　2024 年 8 月北京第 1 版第 3 次印刷

购书咨询：010-64518888　　　　　　售后服务：010-64518899
网　　址：http://www.cip.com.cn
凡购买本书，如有缺损质量问题，本社销售中心负责调换。

定　　价：42.00 元

前　言

党的二十大报告指出，"教育、科技、人才是全面建设社会主义现代化国家的基础性、战略性支撑"。并明确提出要"深化教育领域综合改革，加强教材建设和管理"。这为新时代水利工程制图课程建设指明了方向。根据上述课程建设需求，我们依据教育部高等学校工程图学教学指导委员会制定的《普通高等学校工程图学课程教学基本要求》，结合水利类各专业应用型人才培养的目标和要求，遵照"强化应用，培养画图和看图能力为教学重点"的原则编写了本教材。

本书具有如下特点：

（1）先进性　教材中所涉及的术语、定义和标准等，均采用全新版的国家标准《技术制图》和《水利水电工程制图标准》的相关内容，书中的图样体现标准化。

（2）实用性　教材内容以必需、够用为度，适当地简化了画法几何部分的内容，加强了综合应用能力的培养。各章节例题从工程实际需要出发，着重论述解题的分析方法，作图步骤简明、扼要，便于读者加深理解基本理论，从而提高分析和图解问题的能力。

（3）插图精美　教材中采用的大量图形，均使用计算机绘图软件绘制，图形准确、秀美、立体感强，采用双色印刷，图示重点突出、解题思路清晰。

（4）方便学习　教材章节的编排在适当考虑系统性的情况下，尽量做到章节与授课次序相对应。为了帮助学生进行知识梳理，各章节后均设有复习思考题。另有《水利工程制图习题集》与本教材配套使用，巩固教材中的知识。

教材在知识结构方面可分为三大部分：

① 画法几何，包括投影法、点线面投影、立体及其表面交线等内容；

② 制图基础，包括制图的基本知识和技能、组合体、轴测图、形体表达方法等内容；

③ 专业图，包括标高投影、水工建筑中常见曲面、水利工程图、房屋建筑施工图等内容。教学时，可根据各专业的需要对内容做不同的取舍。

本书可作为普通高等院校水利水电类专业的水利工程制图课程教材（参考教学时数为48～80学时），也可作为高职高专院校及各类成人教育学校相关课程教材。

本书由长春工程学院刘玉杰、于春艳主编，纪花、龚勋参编。具体编写分工如下：刘玉杰编写第6、7、8、9章，于春艳编写第2、3、5、10章，纪花编写第1章，龚勋编写第4章。

本书由长春工程学院刘江川主审，审稿人对本书初稿进行了详细的审阅和修改，提出许多宝贵意见，在此表示衷心感谢。

在编写过程中，编者参考了一些同类教材，特向文献的作者们表示感谢。由于编者水平有限，书中难免有不妥之处，欢迎读者批评指正。

编　者

2023 年 6 月

目　录

绪　　论

　　图形是生活、学习和工作中不可缺少的表达、交流思想的重要方式之一。在许多情况下，用图形较之文字更能形象地描绘事物。工程图样是工程设计、机械制造、科学研究中表达设计思想、指导生产的重要技术文件，因此图样被誉为"工程界的技术语言"。本课程研究绘制和阅读工程图样的基本理论和方法。

一、本课程的地位、性质和任务

　　"水利工程制图"是水利类专业的必修技术基础课，是研究绘制和阅读工程图样，图解空间几何问题的理论和方法的技术基础学科。主要包括正投影理论和国家标准《技术制图》《水利水电工程制图标准》的有关规定。

　　本课程的主要任务是：
　　① 学习、贯彻国家标准有关水利工程制图的各项规定。
　　② 掌握徒手绘图、尺规绘图的作图方法。
　　③ 掌握正投影的基本理论及其应用。
　　④ 培养以图形为基础的形象思维能力。
　　⑤ 培养并发展空间想象能力和空间分析能力。
　　⑥ 掌握绘制及阅读水利工程图样的基本方法和技能。
　　⑦ 培养认真负责的工作态度和严谨细致的工作作风。

二、本课程的内容和要求

　　本课程包括画法几何、制图基础和专业图三部分，具体内容和要求如下：
　　（1）画法几何　画法几何部分主要学习投影法，掌握表达空间几何形体（点、线、面、体）和图解空间几何问题的基本理论和方法。要求领会基本概念，掌握基本理论，借助直观手段，逐步培养空间思维能力。
　　（2）制图基础　制图基础部分主要学习绘图工具和仪器的使用方法，国家标准中有关水利工程制图的基本规定，工程形体投影图的画法、读法和尺寸标注。要求自觉培养正确使用绘图仪器的习惯，严格遵守国家颁布的制图标准，逐步培养工程意识，提高尺规绘图、徒手绘图的能力以及图形表达的能力。
　　（3）专业图　专业图部分主要学习有关专业图（标高、水利、建筑）的内容和图示特点，以及有关专业制图标准的规定。通过本部分内容的学习，初步掌握绘制和阅读专业图样的方法，为后续课程的学习打下良好的基础。

三、本课程的学习方法

　　水利工程制图是一门实践性很强的技术基础课。本课程自始至终研究的都是空间几何元素及形体与其投影之间的对应关系，绘图和读图是反映这一对应关系的具体形式。因此，在学习过程中应注意以下几点：

（1）强调实践性　水利工程制图课程是一门既有系统理论，又注重实践的技术基础课。要学好本课程，必须在理解基本理论和基本概念的基础上，通过实践，培养和建立空间想象能力与空间分析能力，提高画图能力与看图能力。因此，学生应认真、及时、独立地完成习题及绘图训练。

（2）注重空间想象能力的培养　在培养绘制和阅读工程形体的基本能力时，必须将空间想象能力、空间思维能力及投影分析和工程图样绘制过程紧密结合，注意空间形体与其投影之间的相互联系，通过"由物到图，再从图到物"进行反复研究和思考，逐步提高学生的空间逻辑思维能力和形象思维能力。

（3）掌握正确的分析方法　在学习中，一般对理论的理解并不难，难的是理论在画图与看图中的实际应用。因此，必须注意掌握正确的画图步骤和分析解决问题的方法，将空间的解题步骤落实到投影图上，以便准确、快速地画出图形。切忌一拿到题目不经分析就盲目动手做题。

（4）培养严谨的工作作风　工程图样是指导施工和制造的主要依据。因此绘制工程图样时，一定要做到：图形正确、表达清晰、图面整洁。如有错误或表达不清楚，则不仅会给施工或制造带来困难，而且还会造成财产损失。因此，在该课程的学习过程中，要养成认真负责的工作态度和严谨细致的工作作风，避免在工程实践中画错和看错图样，造成重大损失。

第1章

制图的基本知识

工程图样是现代工业生产中的重要技术文件，是工程界的技术语言。为了使工程图样达到基本统一，便于生产和管理，进行技术交流，绘制的工程图样必须遵守统一的规定，由国家有关部门制定和颁布实施的这些统一的规定称为国家标准（简称"国标"，代号"GB"）。

目前，国内执行的制图标准主要有《技术制图》《机械制图》《房屋建筑制图统一标准》和《水利水电工程制图标准》等。《技术制图》标准涵盖了工程界各种专业的通用画图规则。本章主要介绍国家标准《技术制图》和《水利水电工程制图标准 基础制图》中的几项基本规定。在绘制工程图样时，必须严格遵守和认真贯彻国家标准。

1.1 制 图 标 准

1.1.1 图纸幅面和格式

（1）图纸幅面　图纸幅面是指图纸本身的大小规格，图框是图纸上限定绘图范围的边线。图纸基本幅面和图框的尺寸如表 1-1、图 1-1 所示。同一项工程的图纸，不宜多于两种幅面。必要时可按规定加长幅面，短边一般不应加长，长边可加长，但加长的尺寸应符合国标的规定。

表 1-1　图纸基本幅面和图框尺寸（GB/T 14689—2008）　　　　单位：mm

幅面代号	A0	A1	A2	A3	A4
$B \times L$	841×1189	594×841	420×594	297×420	210×297
e	20			10	
c	10			5	
a			25		

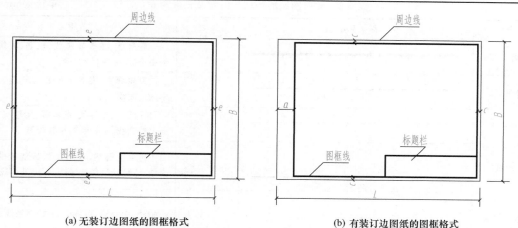

(a) 无装订边图纸的图框格式　　　　　(b) 有装订边图纸的图框格式

图 1-1　图纸幅面和图框格式

（2）格式　图框应用加粗线绘制，线宽应满足附录 A 的要求，格式分为无装订边图纸和有装订边图纸两种，同一产品的图样，应采用一种格式。无装订边图纸和有装订边图纸的图框格式如图 1-1 所示。

图纸应画出周边线（幅面线）、图框线和标题栏。标题栏应绘制在图纸的右下角，用于填写工程名、图名、设计、制图、比例、日期等。标题栏的外框线应为粗实线，分格线应为细实线。在学习阶段，标题栏可采用简化的格式，如图 1-2 所示。

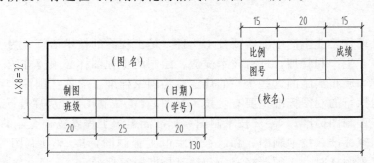

1. 图中尺寸单位为mm（毫米）；
2. 标题栏内的字号：图名用10号或7号字，校名用7号字，其余用5号字。

图 1-2　学习阶段标题栏格式

1.1.2　图线

图纸上的图形由各种图线（GB/T 17450—1998、SL 73.1—2013）组成。各种不同粗细、形式的图线表示不同的意义和用途。图线的各种名称、形式、代号、宽度及其应用见附录 A 的规定。

（1）线宽　图线有粗、中粗、细之分，其宽度比例为 4：2：1。绘图时，粗线宽度 b 应根据图样的复杂程度与比例大小，宜在下列数系中选取：0.18mm、0.25mm、0.35mm、0.5mm、0.7mm、1.0mm、1.4mm、2.0mm，粗线宽度优先采用 1.0mm、0.7mm、0.5mm。在同一张图纸上，同类图线的宽度应一致。

（2）线型　《技术制图　图线》中规定了 15 种基本线型，供各专业选用。

表 1-2 列出了常用图线的线型、线宽及一般用途。

表 1-2　常用图线的线型、线宽及一般用途　　　　　　单位：mm

名称	线　型	线宽	一般用途
粗实线		b	外轮廓线、主要轮廓线、钢筋、坡边线剖切符号、标题栏外框线
中粗实线		$b/2$	次要轮廓线、表格外框线、地形等高线中的计曲线
细实线		$b/4$	尺寸线、尺寸界线、断面线、示坡线、曲面上的素线、重合断面轮廓线等
虚线		$b/2$	不可见轮廓线、不可见过渡线或曲面交线、不可见结构分缝线、不可见管线
细点画线		$b/4$	轴线、中心线、对称中心线、轨迹线

名称	线　　　型	线宽	一般用途
双点画线	≈5　10～30	$b/2$	假想轮廓轴线、扩建预留范围线
折断线	3～5	$b/4$	断开界线
波浪线		$b/4$	构建断裂边界线、视图分界线

（3）图线画法　在图纸上的图线，应做到：清晰整齐、均匀一致、粗细分明、交接正确。具体画图时应注意：

① 同一图样中同类图线的宽度应基本一致。虚线、点画线等的线段长度和间隔应大致相等。

② 圆的对称中心线段的交点应为圆心，点画线的两端应超出图形轮廓线 2～3mm，如图 1-3（a）所示。

③ 细点画线和双点画线的首末两端应绘为线段。

④ 较小的图形，可采用细实线代替细点画线和双点画线，如图 1-3（b）所示。

⑤ 虚线与虚线交接或虚线与其他图线交接时，应是线段交接，如图 1-3（c）所示。虚线为实线延长线时，连接处虚线应留空隙，如图 1-3（d）所示。

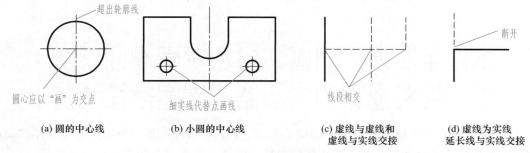

（a）圆的中心线　　（b）小圆的中心线　　（c）虚线与虚线和　　（d）虚线为实线
　　　　　　　　　　　　　　　　　　　　　 虚线与实线交接　　　 延长线与实线交接

图 1-3　图线画法

⑥ 图线不得与文字、数字或符号重叠、混淆；出现图线与文字、数字或符号重叠的，应断开图线以保证文字、数字或符号等的清晰，如图 1-4 所示。

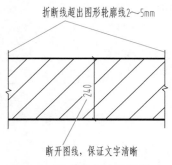

图 1-4　尺寸数字处图线断开

1.1.3　字体

图样中书写的文字、数字、字母和符号应做到：字体端正、笔画清晰、排列整齐、间隔均匀，标点符号应清楚正确。

字体（GB/T 14691—1993、SL 73.1—2013）的大小用字号来表示，字号就是字体的高度。制图标准规定，图样中的字高可用 2.5mm、3.5mm、5mm、7mm、10mm、14mm、20mm。A0 图汉字最小字高不宜小于 3.5mm，其余不宜小于 2.5mm，字宽宜为字高的 0.7～0.8 倍。图纸字号见附录 B。

（1）汉字　图样及说明中的汉字，应采用国家正式公布实施的简化字，宜采用仿宋体。汉字应使用正体字，在同一图样上，宜采用同一种形式的字体。在同一行标注中，汉字、字母和数字宜采用同一字号。

仿宋体的书写要领是：横平竖直、注意起落、结构均匀、填满方格，其基本笔画横、竖、撇、捺、挑、点、钩、折的书写见表 1-3。

表 1-3　长仿宋字体基本笔画书写示例

名称	横	竖	撇	捺	挑	点	钩	折
形状	一	丨	ノ	㇏	㇀	丶	㇆㇄	㇕㇀
笔法	一	丨	ノ	㇏	㇀	丶	㇆㇄	㇕

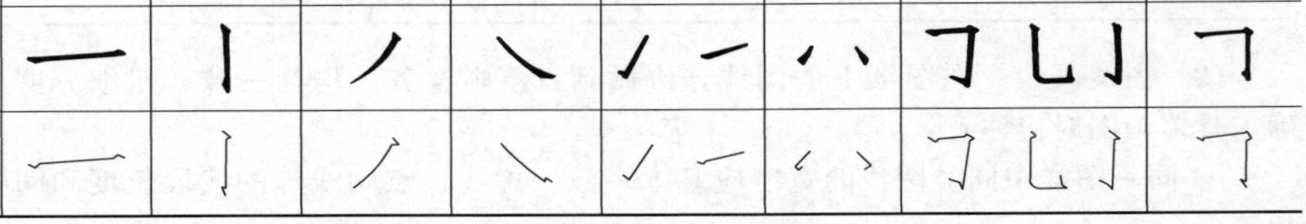

汉字示例：

10 号字

水利工程制图建筑土木桥梁涵
平面视剖扭护坡船闸溢洪坝洞

7 号字

东西南北方向平面立剖纵断面视详说明
钢筋混凝砂浆岩石油毡沥青廊墩翼墙坝

（2）字母和数字　图样及说明中的拉丁字母、阿拉伯数字与罗马数字，宜采用单线简体或 Roman 字体。字母和数字可写成正体和斜体，斜体字字头向右倾斜，与水平线成 75°。字母与汉字写在一起时，宜写成正体。字母和数字的字高应不小于 2.5mm。如图 1-5 所示字母和数字书写示例。

1 2 3 4 5 6 7 8 9 0
(a) 阿拉伯数字

a b c d e f g h i j k l m
(c) 小写拉丁字母

A B C D E F G H I J K L M
(b) 大写拉丁字母

α β γ δ ε ζ η θ ι κ λ μ
(d) 小写希腊字母

I II III IV V VI VII VIII IX X
(e) 罗马数字

图 1-5　字母和数字书写示例

1.1.4　比例

图样的比例（GB/T 14690—1993、SL 73.1—2013）是指图形与实物相应要素的线性尺寸之比。比例应用符号"："表示，如 1：1、1：500、2：1 等。绘图所用比例，应根据图样的用途与被绘对象的复杂程度，从表 1-4 中选用，并优先选用表中的常用比例。

表 1-4 制图比例

常用比例	$1:1$		
	$1:10^n$	$1:(2\times10^n)$	$1:(5\times10^n)$
	$2:1$	$5:1$	$(10\times n):1$
可用比例	$1:(1.5\times10^n)$	$1:(2.5\times10^n)$	$1:(3\times10^n)$ $\quad$ $1:(4\times10^n)$
	$2.5:1$		$4:1$

注：n 为正整数。

整张图纸中采用不同比例的，应在该图图名之后或图名横线下方另行标注，比例的字高应较图名字体小 1 号或 2 号，如图 1-6 所示。

整张图纸中只用一种比例的，应统一注写在标题栏内。

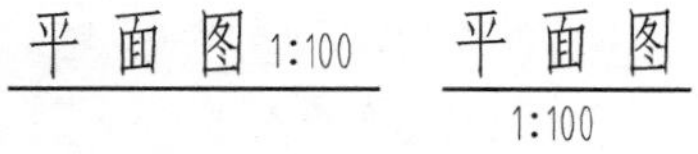

在一个视图中的铅直和水平两个方向可采用不同的比例，两个比例比值不宜超过 5。图样比例可采用沿铅直和水平方向分别标注的形式。

图 1-6 制图比例标注形式

有缩放要求的图纸，应加绘比例尺图形标注，比例尺图形如图 1-7 所示。

图 1-7 比例尺图形

1.1.5 尺寸注法

图形只能表达形体的形状，而形体各部分的大小和相对位置则必须依据图样上标注的尺寸来确定。尺寸是施工的重要依据，必须正确、完整、清晰。

1.1.5.1 尺寸的一般规定

建筑物及构件的真实大小应以图样上所注的尺寸为准，与图形大小及绘图的准确度无关。

水利工程图样中标注的尺寸单位：标高、桩号以米为单位，结构尺寸以毫米为单位。采用其他尺寸单位，应在图纸中加以说明。

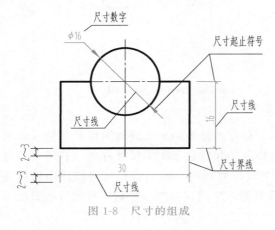

图 1-8 尺寸的组成

1.1.5.2 尺寸的组成

一个完整的尺寸由尺寸界线、尺寸线、尺寸起止符号和尺寸数字组成，如图 1-8 所示。

（1）尺寸界线 表示尺寸度量的范围。如图 1-8 所示，尺寸界线应用细实线绘制，可自图形的轮廓线或中心线沿其延长线方向引出，或从轮廓线段的转折点引出。尺寸界线宜与被标注的线段垂直，轮廓线、轴线或中心线也可作为尺寸界线。由轮廓线延长引出的尺寸界线与轮廓线之间宜留有 2～3mm 的间隙，并应超出尺寸线 2～3mm。

（2）尺寸线　表示尺寸度量的方向。如图1-8所示，尺寸线应用细实线绘制，其两端应与尺寸界线接触。不可用图样中的轮廓线、轴线、中心线等其他图线及其延长线代替尺寸线。

（3）尺寸起止符号　表示尺寸的起、止位置。如图1-9所示，尺寸起止符号可采用箭头形式或45°细实线绘制的 $h=3\text{mm}$ 的斜短线，斜短线的倾斜方向应与尺寸界线成45°角，如图1-9（a）、（b）所示。标注圆弧半径、直径、角度、弧长的尺寸起止符号宜用箭头表示，箭头应与尺寸界线接触，不得超出也不得分开。在没有足够位置时，尺寸起止符号可用小圆点代替箭头，如图1-9（c）所示。

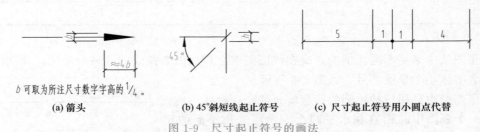

b可取为所注尺寸数字字高的 $\frac{1}{4}$ 。

（a）箭头　　　　　　　（b）45°斜短线起止符号　　　　（c）尺寸起止符号用小圆点代替

图1-9　尺寸起止符号的画法

（4）尺寸数字　表示被注长度的实际大小，与画图采用的比例、图形的大小及准确度无关。尺寸数字一般采用3.5号或2.5号字，且全图应保持一致。尺寸数字不可与任何尺寸图线或符号重叠，否则应将图线或符号断开，如图1-4所示。

1.1.5.3　尺寸的一般注法

① 线性尺寸的尺寸数字应按图1-10（a）所示的方向注写，即水平方向的尺寸数字写在尺寸线上方中部，字头朝上；竖直方向的尺寸数字写在尺寸线左方，字头朝左；倾斜方向的尺寸数字顺着尺寸线注写，字头趋向上。尽量避免在图中30°阴影范围内注写尺寸，无法避免时，可按图1-10（b）所示的引线形式注写。

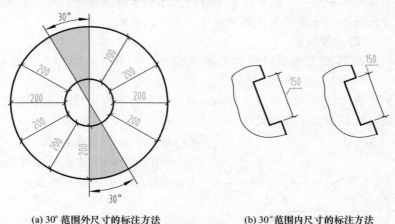

（a）30°范围外尺寸的标注方法　　　　　　（b）30°范围内尺寸的标注方法

图1-10　尺寸数字的注写

② 尺寸的排列与布置。如图1-11（a）所示，画在图样外的尺寸线与图样最外轮廓线的距离不宜小于10mm；标注相互平行的尺寸时，应使小尺寸在里、大尺寸在外，且两平行排列的尺寸线之间的距离应大于7mm，各层尺寸线间距宜保持一致。若尺寸界线内不够标注尺寸数字时，最外边的尺寸数字可写在尺寸界线外侧，中间相邻的尺寸数字可错开位置注写或引出注写，如图1-11（b）所示。

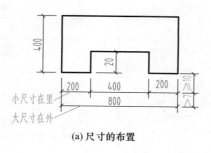

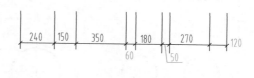

小尺寸在里
大尺寸在外

(a) 尺寸的布置

(b) 尺寸界线内不够标注时的处理

图 1-11　尺寸的排列与布置

　　③ 尺寸界线一般应与尺寸线垂直，必要时才允许倾斜。尺寸界线与尺寸线不垂直时，尺寸界线应自被标注线段的两端平行引出，如图 1-12 所示。

　　④ 在连接圆弧的光滑过渡处标注尺寸时，应将图线延长或将圆弧切线延长相交，自交点引出尺寸界线，如图 1-13 所示。

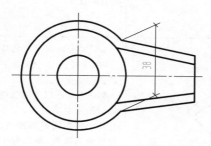

图 1-12　尺寸界线与尺寸线不垂直的示例

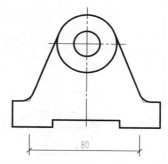

图 1-13　圆弧光滑过渡处尺寸界线的引出示例

1.1.5.4　尺寸标注示例

常见的尺寸标注形式见表 1-5。

表 1-5　常见的尺寸标注形式

标注内容	标注示例	说明
圆弧及球面的半径、直径		标注圆弧、球面的半径或直径，尺寸线应通过圆心，箭头指到圆弧。在直径尺寸数字前加注符号"ϕ"或"D"；在圆弧半径尺寸数值前加注符号"R"；球面直径数值前加注"$S\phi$"；球面半径数值前加注"SR"

标注内容	标注示例	说明
小圆及圆弧直径、半径	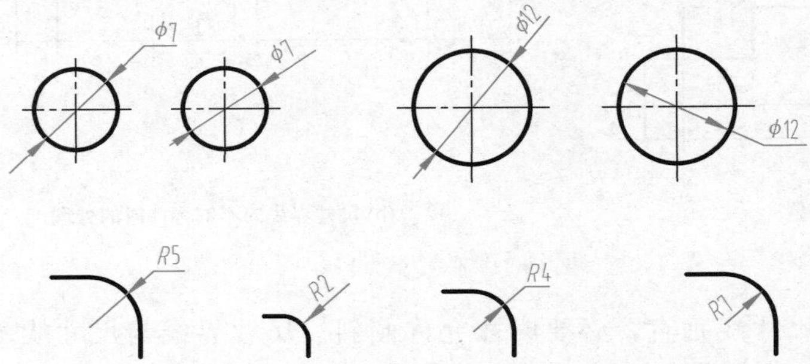	较小圆及圆弧的半径或直径,可将箭头画在圆或圆弧外,或以尺寸线引出,以标注尺寸
大圆弧半径	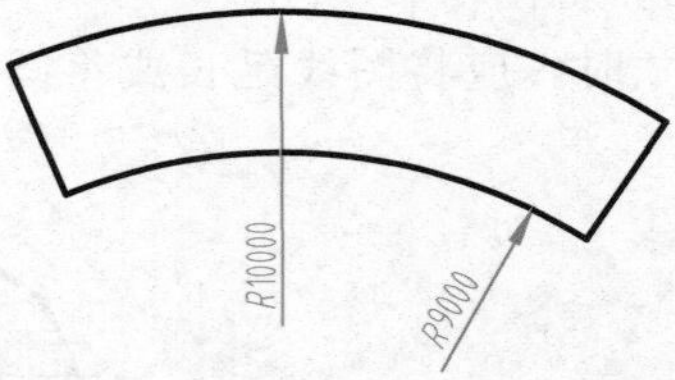	圆弧的半径过长或圆心位置不在视图范围内时,可按左图形式标注
弦长和弧长	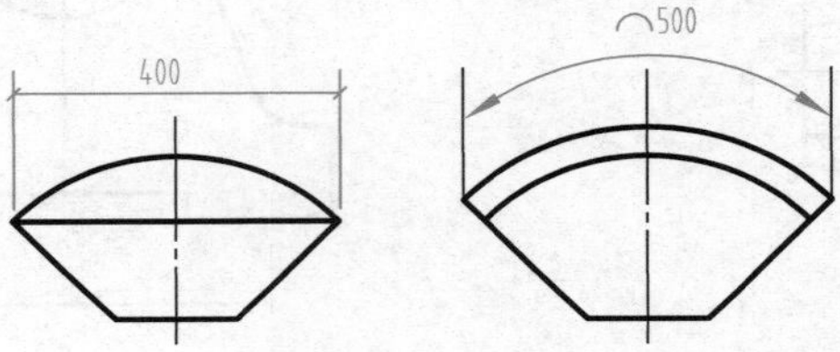	标注弦长的尺寸界线应垂直该弦,弦长的尺寸线为平行于该弦的细直线。 标注弧长的尺寸界线应垂直该圆弧所对应的弦,尺寸线为与此段圆弧同心的弧线,起止符号画成箭头,弧长数字前面加注圆弧符号"⌒"
角度标注	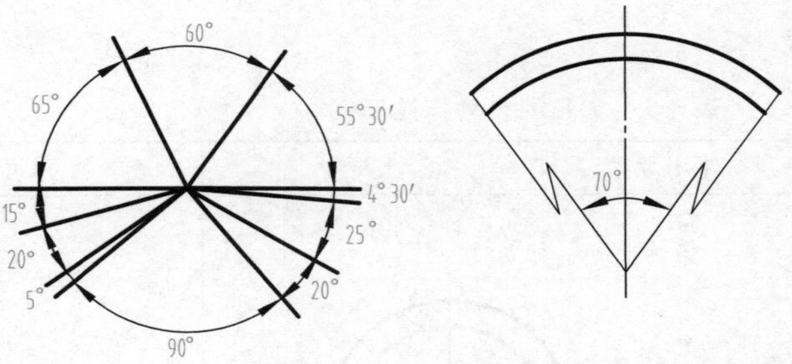	标注角度时的尺寸界线是角的两个边,应沿径向引出,角度的尺寸线是以该角顶点为圆心的弧线,角度的起止符号应以箭头表示,角度数字宜水平标注在尺寸线的外侧上方,或引出标注。没有足够位置绘制箭头时,可用圆点代替。 圆弧半径过大或视图范围内无法标注圆心时,按图中右侧图例标注
薄板厚度	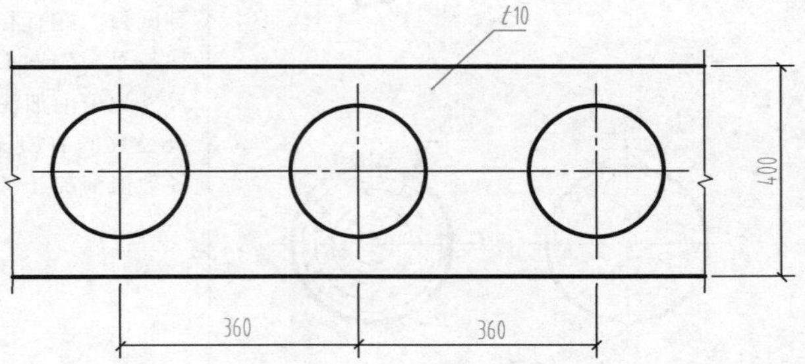	薄板厚度的尺寸标注可在厚度数字前加注厚度符号"t"

标注内容	标注示例	说明
正方形	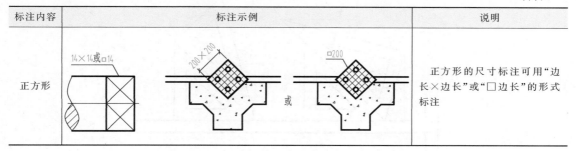	正方形的尺寸标注可用"边长×边长"或"□边长"的形式标注

1.2 常用绘图工具及其用法

绘制图样按所使用的工具不同，可分为尺规绘图、徒手绘图和计算机绘图。尺规绘图是借助丁字尺、三角板、圆规、铅笔等绘图工具和仪器在图板上进行手工操作的一种绘图方法。虽然目前工程图样已使用计算机绘制，但尺规绘图既是工程技术人员的必备基本技能，又是学习和巩固绘图学理论知识不可缺少的方法，必须熟练掌握。正确使用绘图工具和仪器不仅能保证绘图质量、提高绘图速度，而且能为使用计算机绘图奠定基础。以下简要介绍常用绘图工具和仪器的使用方法。

1.2.1 图板和丁字尺

（1）图板　用于铺放、固定图纸。板面应平整光洁，左边是丁字尺的导边，需平、直、硬。

（2）丁字尺　用于画水平线和垂直线。它由相互垂直的尺头和尺身组成，尺身带有刻度的一边为工作边。作图时，用左手将尺头内侧紧靠图板导边，上下移动，自左至右画出不同位置的水平线或自下而上画垂直线，如图1-14所示。需注意的是，不能用尺身的下边画线，也不能靠在图板的其他边缘画线。

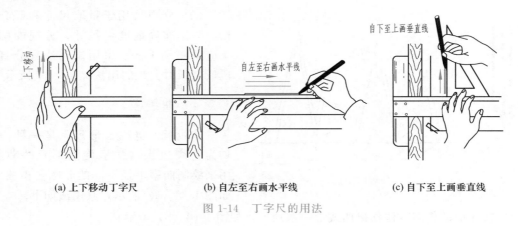

(a) 上下移动丁字尺　　　(b) 自左至右画水平线　　　(c) 自下至上画垂直线

图 1-14　丁字尺的用法

1.2.2 三角板

一副三角板包括一个底角为45°的等腰直角三角板和一个两个角分别为30°、60°的直角三角板，主要用于与丁字尺配合画垂直线及15°的整倍数的角的斜线，如图1-15所示。

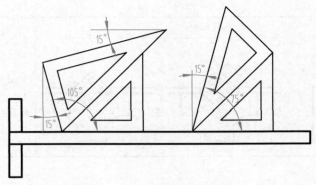

图 1-15　三角板与丁字尺配合

1.2.3　圆规和分规

（1）圆规　用于画圆和圆弧。使用时，应先调整针脚，使针尖（用有台肩的一端）略长于铅芯，按顺时针方向，略向前倾斜，用力均匀地一笔画出圆或圆弧。画大圆弧时，可加上延长杆，如图 1-16 所示。

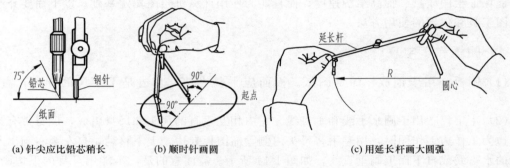

(a) 针尖应比铅芯稍长　　　(b) 顺时针画圆　　　　　　(c) 用延长杆画大圆弧

图 1-16　圆规的用法

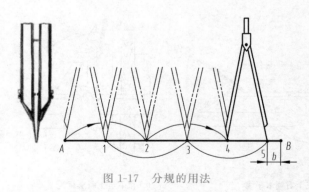

图 1-17　分规的用法

（2）分规　用于量取尺寸和等分线段。为了准确地度量尺寸，分规的两针尖应调整到平齐。采用试分法等分直线段或圆弧时分规的用法如图 1-17 所示。

1.2.4　曲线板

曲线板，也称云形尺，是一种内外均为曲线边缘（常呈旋涡形）的薄板，用来绘制曲率半径不同的非圆自由曲线，如图 1-18 (a) 所示，其用法如下。

① 按相应的作图方法作出曲线上一系列点，如图 1-18 (b) 所示；
② 用铅笔徒手将各点依次连成曲线，作为稿线的曲线不宜过粗，如图 1-18 (c) 所示；
③ 从曲线一端开始选择曲线板与曲线相吻合的连续点（至少 4 个点相吻合），用铅笔沿其轮廓画出前几个点之间的曲线，留下最后两点之间的曲线不画，如图 1-18 (d) 所示；
④ 依次找出曲线板与曲线相吻合的曲线段，每次尽量多吻合几个点，并包括前一次吻

合的最后两个点，从而使相邻曲线段之间存在过渡。如此重复，直至绘完整段曲线，如图1-18（e）所示。

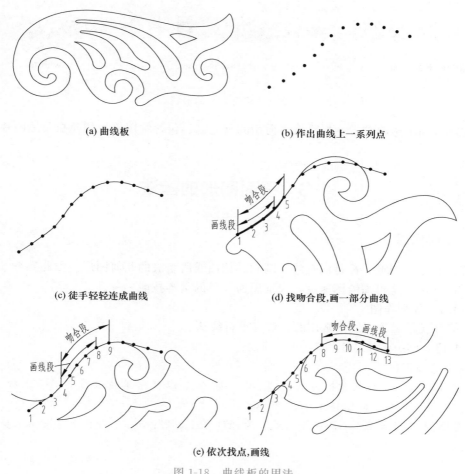

(a) 曲线板   (b) 作出曲线上一系列点

(c) 徒手轻轻连成曲线   (d) 找吻合段，画一部分曲线

(e) 依次找点，画线

图 1-18　曲线板的用法

1.2.5　铅笔

制图用的铅笔有普通木制铅笔和自动铅笔两种。铅笔铅芯的软硬用字母"B"（软）及"H"（硬）表示，B 前数字越大，表示铅芯越软，画出的线条越深；H 前数字越大，表示铅芯越硬，画出的线条越淡；HB 表示铅芯软硬适中。建议绘图时准备以下几种铅笔：

B 或 HB——用于描黑粗实线；

HB 或 H——用于绘制细实线、虚线、箭头和写字；

2H 或 3H——用于画底稿和细线。

铅芯安装在圆规上使用时，其铅芯应比画直线的铅芯软一号，画底稿和描细线圆用 H 或 HB 铅芯，描黑粗实线圆和圆弧用 2B 或 B 的铅芯。

削铅笔时，应从没有标号的一端削起，以保留铅芯硬度的标号便于识别铅笔型号。铅芯常削成的形状有圆锥形和矩形，圆锥形用于画细线和写字，矩形用于画粗实线，如图 1-19 所示。

除了上述工具之外，绘图时还需准备削铅笔用的刀片、磨铅芯用的细砂纸、擦图用的橡

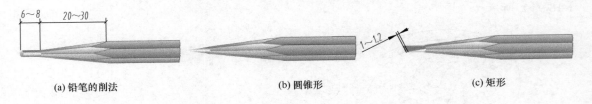

| (a) 铅笔的削法 | (b) 圆锥形 | (c) 矩形 |

图 1-19　铅笔铅芯的形状

皮、固定图纸用的透明胶带、扫除橡皮屑用的软毛刷、包含常用符号的模板及擦图片、比例尺等。

1.3　平面图形的画法

1.3.1　几何作图

工程图样中的图形，都是由直线、圆和其他曲线所组成的几何图形。因此熟练掌握几何图形的作图方法，是提高绘图速度，保证图面质量的基本技能之一。

1.3.1.1　等分作图

（1）等分线段　等分线段常用的方法有平行线法。

【例 1-1】　已知线段 AB，试将其五等分。

作图步骤如下：

① 过 A 作与 AB 成任意锐角的射线 AC，自 A 起以任意单位长度在 AC 上截 5 等份，得 1、2、3、4、5 点，如图 1-20（a）所示。

② 连接 $5B$，过各点作 $5B$ 的平行线，交 AB 于 $1'$、$2'$、$3'$、$4'$ 即为五等分点，如图 1-20（b）所示。

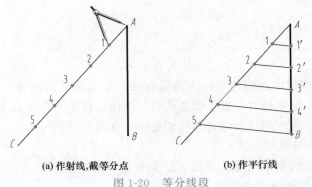

| (a) 作射线,截等分点 | (b) 作平行线 |

图 1-20　等分线段

（2）等分圆周及其内接正多边形

① 圆周的六等分及其内接正六边形

【例 1-2】　如图 1-21（a）所示，已知外接圆半径 R，试将圆六等分并作出其内接正六边形。

作图步骤如下：

a. 以 R 为半径，圆周与其水平中心线的交点 A、D 分别为圆心画弧，两弧线与圆周的交点分别为 B、F 和 E、C，则 A、B、C、D、E、F 将圆周六等分，如图 1-21（b）所示。

　　b. 顺次连接等分点，即得内接正六边形，如图 1-21（c）所示。若隔点相连，可画出圆内接正三角形。

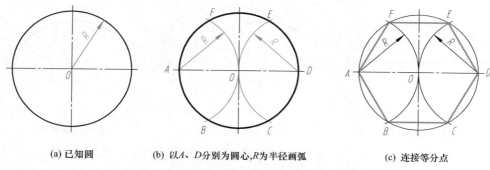

（a）已知圆　　　　（b）以 A、D 分别为圆心，R 为半径画弧　　　　（c）连接等分点

图 1-21　圆周的六等分及画圆内接正六边形

　　② 圆周的五等分及其内接正五边形

　　【例 1-3】　如图 1-22（a）所示，已知外接圆半径 R，试将圆周五等分并作出其内接正五边形。

　　作图步骤如下：

　　a. 作水平半径 OK 的中点 M，以 M 为圆心、MA 为半径画弧，交水平中心线于 N，如图 1-22（b）所示。

　　b. 以 A 为圆心、AN 为半径画弧，在圆周上的交点为 B、E；再分别以 B、E 为圆心、AN 为半径圆弧，在圆周上的交点为 C、D，则 A、B、C、D、E 将圆周五等分，顺次连接等分点，即得内接正五边形，如图 1-22（c）所示。

（a）已知圆　　（b）找 OK 中点 M，以 M 为圆心，　　（c）以 AN 长依次截取圆周，
MA 为半径画弧得 N 点　　　　　　连各等分点

图 1-22　圆周的五等分及画圆内接正五边形

1.3.1.2　圆弧连接

　　用已知半径的圆弧光滑连接两已知线段（直线或圆弧）的作图问题称为圆弧连接。光滑连接是指连接圆弧应与已知直线或圆弧相切，因此，作图的关键是要准确地求出连接圆弧的圆心和连接点（切点）。圆弧连接的基本作图原理是：

　　① 作半径为 R 的圆与已知直线 AB 相切，其圆心轨迹是与 AB 直线相距 R 的一条平行线。切点 T 是自圆心向直线 AB 所作垂线的垂足，如图 1-23（a）所示。

　　② 作半径为 R 的圆与半径为 R_1 已知圆弧 AB 相切，其圆心轨迹是已知圆弧的同心弧。圆外切时，其半径为两半径之和，即 $L = R_1 + R$，切点 T 是两圆的连心线与圆弧的交点；

圆内切时，其半径为两半径之差的绝对值，$L=|R_1-R|$，切点 T 是两圆连心线的延长线与圆弧的交点，如图 1-23（b）、(c) 所示。

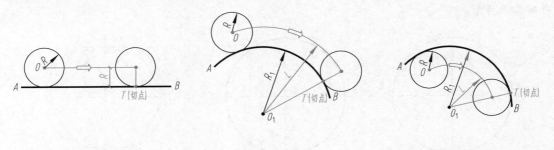

(a) 圆与直线相切　　　　　　(b) 圆与圆弧外切　　　　　　(c) 圆与圆弧内切

图 1-23　圆弧连接的作图原理

表 1-6 列出了几种圆弧连接的作图方法和步骤。

表 1-6　圆弧连接的作图方法和步骤

种类	已知条件	作图方法和步骤		
		求连接圆心	求切点	画连接圆弧
圆弧连接两直线				
圆弧外连接两圆弧				
圆弧内连接两圆弧				
圆弧内连接直线和圆弧				

种类	已知条件	作图方法和步骤		
		求连接圆心	求切点	画连接圆弧
圆弧分别内外连接两圆弧				

1.3.2 平面图形的分析与画法

平面图形都是根据图形所注的尺寸，并按一定比例绘制出来的。因此，为了正确绘制平面图形，必须对平面图形进行尺寸分析和线段分析，从而确定平面图形的绘图方法和步骤。现以图1-24中的平面图形为例予以说明。

1.3.2.1 平面图形的尺寸分析

（1）定形尺寸 用来确定平面图形各部分形状大小的尺寸，如直线的长度、角度的大小、圆及圆弧的直径或半径等称为定形尺寸。图1-24中的$R98$、$R16$、6均为定形尺寸。

（2）定位尺寸 用来确定平面图形各部分之间相对位置的尺寸称为定位尺寸。图1-24中的80、76、100均为定位尺寸。

（3）尺寸基准 标注定位尺寸的起点

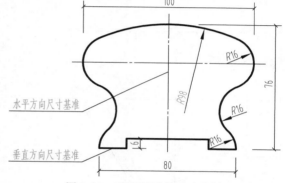

图1-24 平面图形的尺寸分析

称为尺寸基准。平面图形的水平、垂直两个方向都应有一个尺寸基准，通常以图形的对称线、较大圆的中心线、较长的直线轮廓边线作为尺寸基准。图1-24是以垂直对称线、图形的底边分别为水平方向、垂直方向的尺寸基准。

1.3.2.2 平面图形的线段分析

平面图形的线段，通常根据其尺寸的完整与否，分为以下三类。

（1）已知线段 定形尺寸和定位尺寸齐全的线段，即根据给出的尺寸可以直接画出的线段称为已知线段。如图1-24所示的$R98$圆弧，作图时只要在图形对称线上定出圆心，即可绘制出该圆弧。又如图中下方的$R16$圆弧也是已知线段。

（2）中间线段 已知定形尺寸和一个方向定位尺寸，另一个方向定位尺寸由连接要求确定的线段称为中间线段。如图1-24所示的上方$R16$圆弧只有一个水平方向100的定位尺寸，另一个方向的定位尺寸需根据其与$R98$的圆弧相内切来确定。

（3）连接线段 只有定形尺寸，另外两个方向定位尺寸都需由连接要求确定的线段称为连接线段。如图1-24所示的中间部分$R16$圆弧，其圆心的位置需根据其余两个$R16$圆弧均相外切来确定。

由以上分析可知，对于一个有圆弧连接的图形，其画图步骤为：基准线—已知线段—中间线段—连接线段，如图1-25所示。

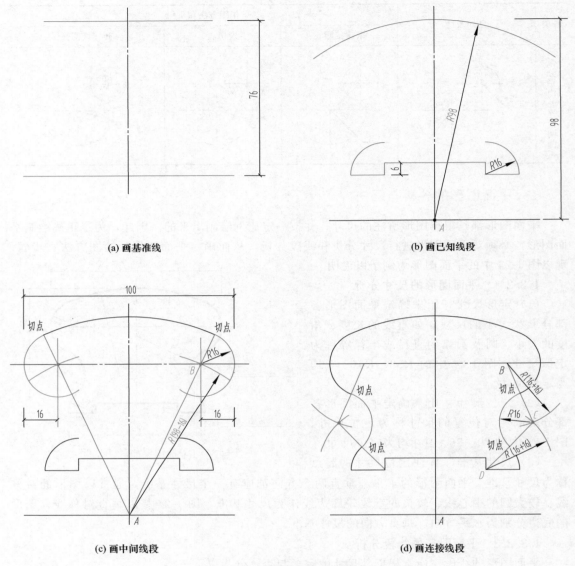

(a) 画基准线

(b) 画已知线段

(c) 画中间线段

(d) 画连接线段

图 1-25　平面图形的画图步骤

1.4　绘图的一般方法和步骤

1.4.1　尺规绘图

1.4.1.1　准备工作

准备绘图工具，首先将铅笔及圆规上的铅芯按线型削好，然后将丁字尺、图板、三角板等擦干净。根据图形的复杂程度，确定绘图比例及图纸幅面大小，将选好的图纸铺在图板的左下方，如图 1-26 所示。固定图纸时，应使图纸的上、下边与丁字尺的尺身平行，图纸与图板边应留有适当距离，然后用透明胶带固定。

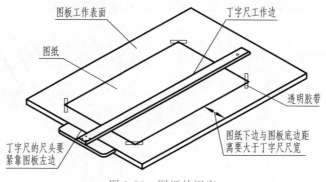

图 1-26　图纸的固定

图板工作表面　图纸　丁字尺工作边　透明胶带　丁字尺的尺头要紧靠图板左边　图纸下边与图板底边距离要大于丁字尺尺宽

1.4.1.2　画底稿

① 画图框和标题栏。

② 确定比例，布置图形，使图形在图纸上的位置大小适中，各图形间应留有适当距离及标注尺寸的位置。

③ 先画图形的基准线、对称线、中心线及主要轮廓线，然后按照由整体到局部，先大后小、先实后虚（挖去的孔、槽等）、先外（轮廓）后内（细部）、先下后上、先曲后直的顺序画出其他所有图线。

用 H 以上较硬的铅笔如 3H、2H 等画底稿，要求轻、细、准、洁。"轻"指画线要轻，能分辨即可，擦去后应不留痕迹；"细"指画出的线条要细，区分线型类别，但不分粗细；"准"指图线位置、尺寸要准确；"洁"指图面应保持整洁，对绘制底稿图中出现的错误，不要急于擦除，待底稿完成后一并擦除。另外，为提高绘图速度和加深后的图面质量，可用极淡的细实线代替点画线和虚线。

1.4.1.3　加深

在加深前必须仔细校核底稿，并进行修正，直至确认无误。图线加深应做到线型正确、粗细分明、连接光滑、接头准确、图面整洁。

用 HB 或 B 的铅笔进行加深，加深的顺序一般是先粗后细、先曲后直，自上而下、由左至右进行，提倡细线一次画成。

1.4.1.4　标注尺寸、注写文字

图形完成后，遵照制图国家标准标注尺寸、书写图名、标出各种符号、注写文字说明、填写标题栏，最后完成图样。

1.4.2　徒手绘图

徒手绘图是不用绘图工具，凭目测比例，徒手画出的图样，这种图样称为草图或徒手图。这种图主要用于现场测绘、设计方案讨论、技术交流、构思创作，是工程技术人员必备的基本技能之一。

徒手绘图的基本要求是快、准、好。即画图速度要快，目测比例要准，图线要清晰，图面质量要好。徒手绘图最好用较软的铅笔，如 HB、B、2B，笔杆要长，笔尖不要太尖锐。

（1）直线的画法　画直线时，眼睛看着图线的终点，由左向右画水平线，由上向下画垂直线，如图 1-27 所示。短线常用手腕运笔，画长线则以手臂运笔，且肘部不宜接触纸面，否则不易画直。当直线较长时，也可目测，在直线中间定出几个点，然后分几段画出。画长

斜线时，可将图纸旋转适当角度，把它当成水平线或垂直线来画。

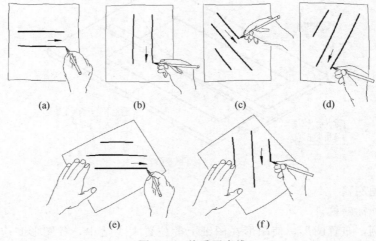

图 1-27　徒手画直线

（2）圆的画法　画小圆时，应先定出圆心及中心线，通过目测，在中心线上按圆的半径长度定出四点，然后徒手连成圆，如图 1-28（a）所示。画较大圆时，可过圆心增画两条与中心线呈 45°的斜线，在斜线上再定四个等半径的点，加上中心线上的四个点过这八个点画圆，如图 1-28（b）所示。画更大的圆时，可先画出圆的外切正方形，并将对角线的一半三等分，在 2/3 处定出圆周上的四个点，加上中心线上的四个点，将这八个点连成圆，如图 1-28（c）所示。

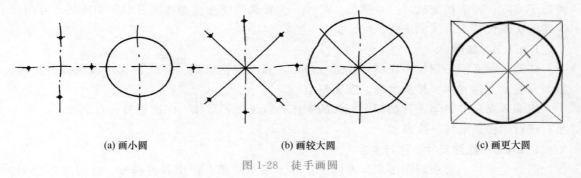

(a) 画小圆　　　　　　　　　　(b) 画较大圆　　　　　　　　　　(c) 画更大圆

图 1-28　徒手画圆

（3）椭圆的画法　如图 1-29 所示，先画出椭圆的长轴和短轴，并用目测定出其端点的位置，过这四个点画一矩形或外切平行四边形，根据椭圆轴对称和中心对称的特点，以顶点为基础就势光滑地画出，同时保证不在顶点处出现尖点。

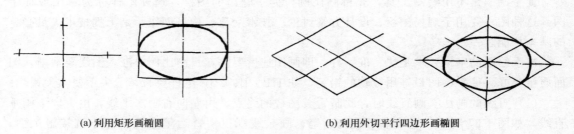

(a) 利用矩形画椭圆　　　　　　　　　　(b) 利用外切平行四边形画椭圆

图 1-29　徒手画椭圆

（4）常见角度的画法　画线时，对于一些特殊角，可根据两直角边的近似比例关系，先定出两个端点，然后画线，如图 1-30 所示。

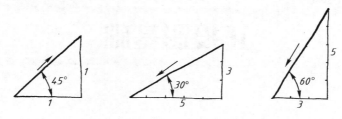

图 1-30　徒手绘制特殊角度线

　　总之，徒手画图重要的是保持图形各部分的比例。因此，在观察物体时，不但要研究物体的形状及构成，还要注意分析整个物体的长、宽、高的相对比例及整体与细部的相对比例。草图最好画在方格纸上，图形各部分之间的比例可借助方格数的比例来解决。

复习思考题

1. 图纸的基本幅面和图框格式各有几种？它们的尺寸是如何规定的？
2. 水利工程图样中图线的宽度有几种？它们之间的比值是多少？
3. 什么叫作绘图比例？原值比例、放大比例、缩小比例的比值有何区别？绘图比例能否采用任意值？
4. 图样上的汉字应使用什么字体？字号的含义是什么？
5. 含有圆弧连接的平面图形中的尺寸分几类？各是什么？如何划分？
6. 如何区分已知线段、中间线段和连接线段？绘制它们时，应该按照怎样的顺序画出？
7. 试述尺规绘图的一般操作过程。
8. 什么叫作草图？在什么情况下常用草图？

第2章

正投影基础

2.1 投影的基本知识

2.1.1 投影法概述

物体在光线的照射下，会在地面或墙面投射出影子。人们将这种现象经过科学抽象和提炼，应用到画图、看图上，逐步形成投影法。如图 2-1 所示，S 为投影中心，A 为空间点，平面 P 为投影面，S 与 A 点的连线为投射线，SA 的延长线与平面 P 的交点 a，称为 A 点在平面 P 上的投影，这种在投影面得到图形的方法称为投影法。投影法是在平面上表示空间物体的基本方法，它广泛应用于工程图样中。

投影法分为两大类，即中心投影法和平行投影法。

（1）中心投影法 如图 2-2 所示，投射线从投影中心 S 射出，在投影面 P 上得到物体形状的投影方法称为中心投影法。

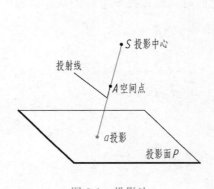

图 2-1 投影法

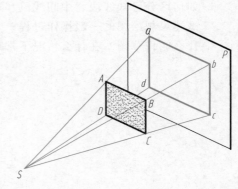

图 2-2 中心投影法

（2）平行投影法 当将投影中心 S 移至无限远处时，投射线可以看成是相互平行的，用平行投射线作出投影的方法称为平行投影法，如图 2-3 所示。

根据投射线与投影面所成角度的不同，平行投影法分为正投影法和斜投影法。当投射线与投影面垂直时称为正投影，如图 2-3（a）所示；当投射线与投影面倾斜时称为斜投影，如图 2-3（b）所示。

2.1.2 正投影的投影特性

（1）实形性 当物体上的线段或平面平行于投影面时，其投影反映线段实长或平面实形，这种投影特性称为实形性，如图 2-4（a）所示。

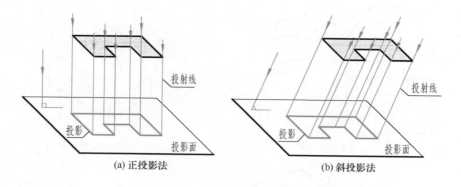

(a) 正投影法   (b) 斜投影法

图 2-3 平行投影法

 （2）积聚性 当物体上的线段或平面垂直于投影面时，线段的投影积聚成点，平面的投影积聚成线段，这种投影特性称为积聚性，如图 2-4（b）所示。

 （3）类似性 当物体上的线段或平面倾斜于投影面时，线段的投影比实长短，平面的投影为原图形的类似形，面积变小，这种投影特性称为类似性，如图 2-4（c）所示。

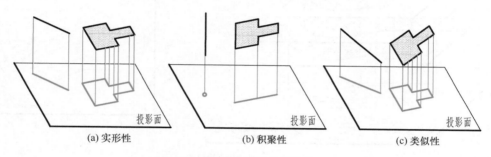

(a) 实形性   (b) 积聚性   (c) 类似性

图 2-4 正投影的投影特性

2.1.3 工程上常用的投影图

 （1）多面正投影图 用正投影法将物体向两个或两个以上互相垂直的投影面上分别进行投影，再按一定的方法将其展开到一个平面上，所得到的投影图称为多面正投影图，如图 2-5（a）所示。这种图的优点是能准确地反映物体的形状和大小，度量性好，作图简便，在工程上广泛采用；缺点是直观性较差，需要经过一定的读图训练才能看懂。

 （2）轴测投影图 轴测投影图是按平行投影法绘制的单面投影图，简称轴测图，如图 2-5（b）所示。这种图的优点是立体感强，直观性好，在一定条件下可直接度量；缺点是作图较麻烦，在工程中常用作辅助图样。

 （3）透视投影图 透视投影图是按中心投影法绘制的单面投影图，简称透视图，如图 2-5（c）所示。这种图的优点是形象逼真，符合人的视觉效果，直观性强；缺点是作图繁杂，度量性差，一般用于体现房屋、桥梁等的外貌，室内装修与布置的效果图等。

 （4）标高投影图 标高投影图是用正投影法画出的单面投影图，用来表达复杂曲面和地形面，如图 2-5（d）所示。标高投影图在地形图中被广泛使用。

 由于正投影图被广泛地用来绘制工程图样，所以正投影法是本书讲授的主要内容。下文中所说的投影，如无特殊说明均指正投影。

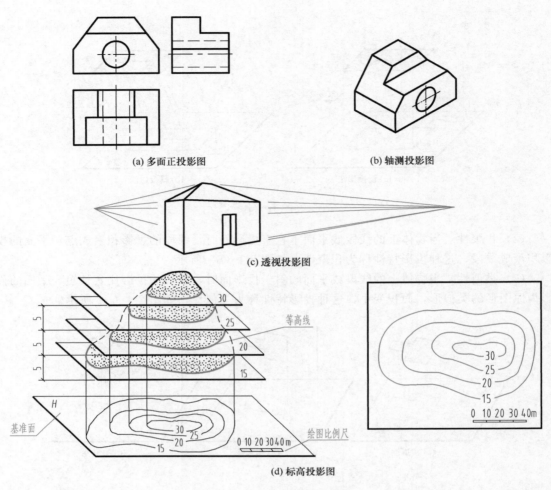

(a) 多面正投影图

(b) 轴测投影图

(c) 透视投影图

等高线

基准面

绘图比例尺

(d) 标高投影图

图 2-5 工程上常用的投影图

2.2 三视图的形成及投影规律

在工程图样中，根据有关标准和规定，用正投影法绘制的物体投影图也称为视图。

一般情况下，物体的一个视图不能确定其形状，如图 2-6 所示，空间中不同形状的物体，它们在同一投影面上的投影完全相同。因此，在工程图样中，一般采用多面正投影的方

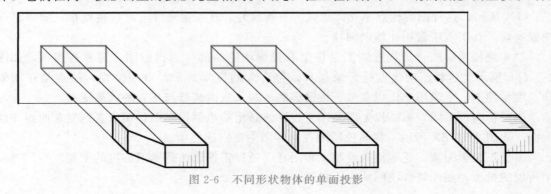

图 2-6 不同形状物体的单面投影

法，即画出多个不同方向的投影，共同表达一个物体。设置投影面的数量，需根据物体的复杂程度而定。初学者一般以画三视图（三面投影图）作为基本训练方法。

2.2.1 三视图的形成

（1）三投影面体系的建立 三个互相垂直的投影面构成三投影面体系，这三个投影面将空间分为八个区域，每一区域叫作一个分角，分别称为 Ⅰ 分角、Ⅱ 分角…… Ⅷ 分角，如图 2-7 所示。有些国家规定将物体放在第 Ⅰ 分角内进行投影，也有一些国家规定将物体放在第 Ⅲ 分角内进行投影，我国采用第 Ⅰ 分角投影法，如图 2-8 所示。

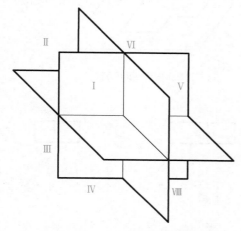

图 2-7 八个分角的划分

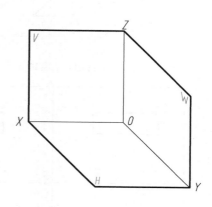

图 2-8 第 Ⅰ 分角的三投影面体系

如图 2-8 所示是第 Ⅰ 分角的三投影面体系。我们对该体系采用以下命名和标记：正立位置的投影面称为正面，用 V 标记（也称 V 面）；水平位置的投影面称为水平面，用 H 标记（也称 H 面）；侧立位置的投影面称为侧面，用 W 标记（也称 W 面）。投影面与投影面的交线称为投影轴，正面（V）与水平面（H）的交线称为 OX 轴；水平面（H）与侧面（W）的交线称为 OY 轴；正面（V）与侧面（W）的交线称为 OZ 轴。三根投影轴的交点为投影原点，用 O 表示。

（2）物体的三视图 如图 2-9（a）所示，将物体置于三投影面体系中，按正投影的方法分别向三个投影面投射。由前向后投射，在 V 面得到的图形称为正视图；由上向下投射，在 H 面得到的图形称为俯视图；由左向右投射，在 W 面得到的图形称为左视图。

为了将物体在互相垂直的三个面的投影绘制在一张纸（一个平面）上，需将空间三个投影面展开摊平在一个平面上。按国家标准规定，保持 V 面不动，如图 2-9（b）所示，将 H 面和 W 面按图中箭头所指方向分别绕 OX 轴和 OZ 轴旋转 $90°$，使 H 面和 W 面均与 V 面处于同一平面内，即得如图 2-9（c）所示的物体的三视图。

从上述三视图的形成过程可知，各视图的形状和大小均与投影面的大小无关，如物体在上下、前后、左右方向平行移动，该物体的三视图仅在投影面上的位置有所变化，而其形状和大小是不会发生变化的，即三视图的形状和大小与物体到投影面的距离（三视图到投影轴的距离）无关。因此，在画三视图时，一般不画出投影面，也不画出投影轴，如图 2-9（d）所示。

2.2.2 三视图的投影规律

空间物体都有长、宽、高三个方向的尺度，如图 2-10（a）所示。在绘制视图时，对物

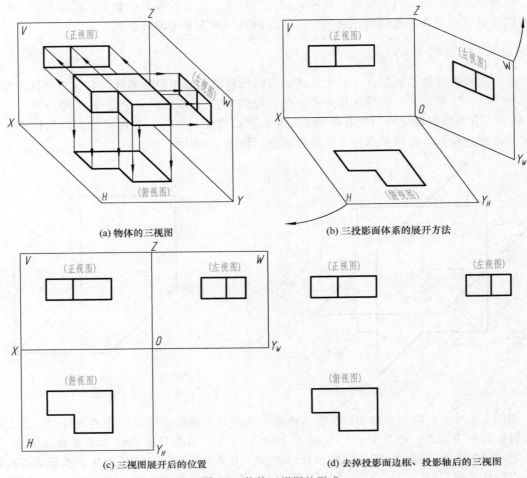

(a) 物体的三视图

(b) 三投影面体系的展开方法

(c) 三视图展开后的位置

(d) 去掉投影面边框、投影轴后的三视图

图 2-9 物体三视图的形成

体的长度、宽度、高度作如下规定：物体的左右为长，前后为宽，上下为高。

三视图中，每一个视图只能反映物体两个方向的尺寸。正视图反映物体的长和高方向尺寸；俯视图反映物体的长和宽方向尺寸；左视图反映物体的宽和高方向尺寸。

如图 2-10（b）所示，正视图和俯视图都反映物体的长度尺寸，它们的位置左右应对

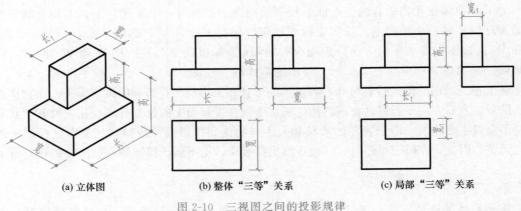

(a) 立体图

(b) 整体"三等"关系

(c) 局部"三等"关系

图 2-10　三视图之间的投影规律

正，这种关系称为"长对正"；正视图和左视图都反映物体的高度尺寸，它们的位置上下应对齐，这种关系称为"高平齐"；俯视图和左视图都反映物体的宽度尺寸，它们的位置前后应对应，这种关系称为"宽相等"。

注意：上述的三视图之间的"三等关系"，不仅适用于整个物体，也适用于物体的局部，如图 2-10（c）所示。

"长对正、高平齐、宽相等"反映了物体上所有几何元素三个投影之间的对应关系。三视图之间的这种投影关系是画图和读图必须遵循的投影规律和必须掌握的要领。

2.2.3 三视图的画图步骤

根据物体或立体图画三视图时，首先应分析其结构形状，摆正物体，使物体的多数表面或主要表面与投影面平行，且在作图过程中不能移动或旋转，然后确定最能反映物体主要形状特征的方向作为正视方向，再着手画图。

绘图步骤：

① 画出三视图的基准线；

② 从正视图入手，再根据三等关系画出俯视图和左视图；

③ 擦去作图辅助线，整理，描深。

注意：① 画图时，可见部分轮廓线用粗实线画出，不可见部分轮廓线用虚线画出，对称线、轴线和圆的中心线均用点画线画出。

② 三个视图配合作图，使每个部分都符合"长对正（用竖直辅助线）、高平齐（用水平辅助线）、宽相等（用45°斜线）"的投影规律。

【例 2-1】 根据图 2-11（a）立体图画出物体的三视图。

解：该物体是由长方体切割一个三棱柱和一个四棱柱形成的，画图时先画出长方体的三视图，再分别画出切割三棱柱、四棱柱后的投影。

作图步骤如下：

① 根据图纸幅面，画出三视图的基准线；

② 该物体是由长方体切割后形成的，首先由图 2-11（a）上量取长方体的长、宽、高，画出长方体的三视图，如图 2-11（b）所示；

③ 由图 2-11（a）可知，长方体上用一个斜面将长方体的左上角切割掉一个三棱柱，该斜面与长方体表面产生了两条交线，切割后三视图如图 2-11（c）所示；

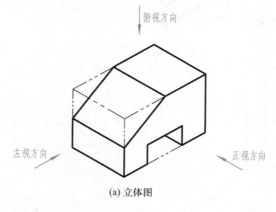

(a) 立体图

图 2-11

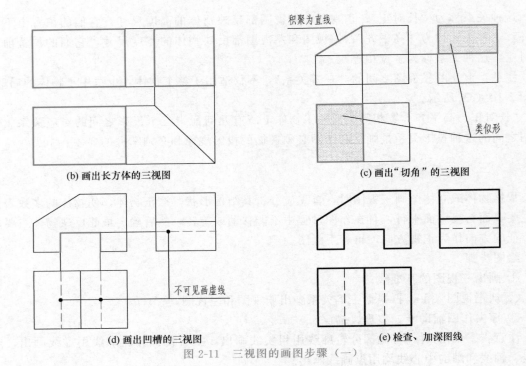

(b) 画出长方体的三视图

积聚为直线

(c) 画出"切角"的三视图

类似形

不可见画虚线

(d) 画出凹槽的三视图

(e) 检查、加深图线

图 2-11　三视图的画图步骤（一）

④ 由图 2-11（a）可知，长方体的下方有一个凹槽，该结构在俯视图和左视图中均不可见，画成虚线，如图 2-11（d）所示；

⑤ 擦去作图辅助线，检查、加深图线，结果如图 2-11（e）所示。

【例 2-2】　根据图 2-12（a）立体图画出物体的三视图。

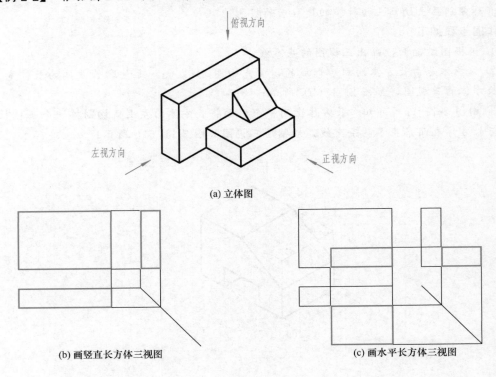

俯视方向

左视方向

正视方向

(a) 立体图

(b) 画竖直长方体三视图

(c) 画水平长方体三视图

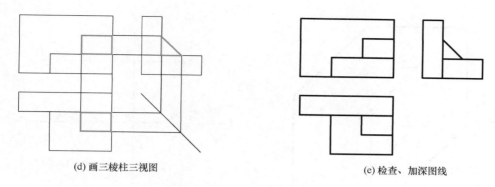

(d) 画三棱柱三视图   (e) 检查、加深图线

图 2-12　三视图的画图步骤（二）

解：如图 2-12（a）所示，该物体是由一个竖直长方体、一个水平长方体和一个三棱柱组成。水平长方体在竖直长方体的右前方，其底面与竖直长方体的底面平齐，右端面与竖直长方体的右端面平齐，后侧面与竖直长方体的前表面重合。三棱柱在水平长方体的上方，底面与水平长方体顶面重合，其右端面与两个长方体的右端面平齐，其后侧面与竖直长方体的前表面重合。画图时分别画出三个组成部分的三视图后，检查是否多线、漏线，即完成该物体的三视图。

作图步骤如下：

① 根据图纸幅面，画出三视图的基准线；

② 绘制竖直长方体三视图，如图 2-12（b）所示；

③ 绘制水平长方体三视图，如图 2-12（c）所示；

④ 绘制三棱柱三视图，如图 2-12（d）所示；

⑤ 检查、加深图线，结果如图 2-12（e）所示。

2.3　点、直线、平面的投影

2.3.1　点的投影

一切几何物体都可看成是点、线、面的组合。点是最基本的几何元素，研究点的投影作图规律是表达物体的基础。

2.3.1.1　点的三面投影图

将空间点 A 置于三投影面体系中，由点 A 分别作垂直于 V、H 和 W 面的投射线，分别与 V、H、W 面相交，得到点 A 的正面（V 面）投影 a'，水平（H 面）投影 a 和侧面（W 面）投影 a''。空间点和投影的标记规定：空间点用大写字母 A，B，C…表示；水平投影用相应小写字母 a，b，c…表示；正面投影用相应小写字母右上角加一撇 a'，b'，c'…表示；侧面投影用相应小写字母右上角加两撇 a''，b''，c''…表示，如图 2-13（a）所示。三投影面体系展开后，点的三面投影图如图 2-13（b）所示。

点在三投影面体系中的投影规律如下：

如图 2-13（b）所示，点的三个投影之间应符合"长对正、高平齐、宽相等"的对应关系，即：

$a'a \perp OX$，即点的 V 面和 H 面投影连线垂直于 OX 轴；

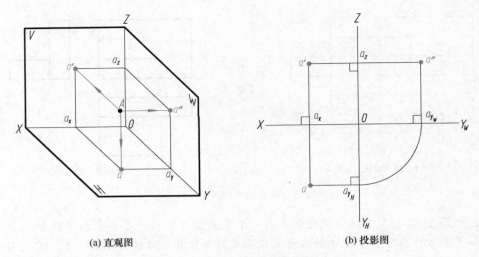

(a) 直观图   (b) 投影图

图 2-13　点的三面投影

$a'a'' \perp OZ$，即点的 V 面和 W 面投影连线垂直于 OZ 轴；

$aa_x = a''a_z$，点 A 的水平投影到 OX 轴的距离等于点的侧面投影到 OZ 轴的距离。

【例 2-3】　如图 2-14（a）所示，已知点 A 的两面投影 a、a'，求 a''。

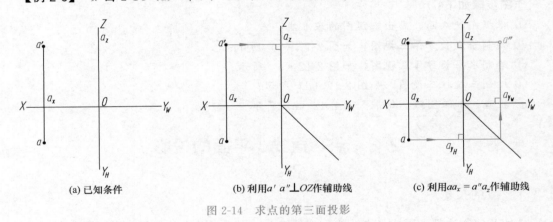

(a) 已知条件   (b) 利用 $a' a'' \perp OZ$ 作辅助线   (c) 利用 $aa_x = a''a_z$ 作辅助线

图 2-14　求点的第三面投影

解： ① 过 a' 作 OZ 轴垂线，交 Z 轴于 a_z 并延长，如图 2-14（b）所示；

② 由 a 作 OY_H 的垂线并延长与 45°分角线相交，再由交点作 OY_W 的垂线，并延长与 a' a_z 的延长线相交，得到的交点即为 a''，如图 2-14（c）所示。

2.3.1.2　点的坐标

把投影轴 OX、OY、OZ 看作坐标轴，则空间点 A 可由坐标表示为 A（X、Y、Z），如图 2-15 所示。

点的坐标值反映点到投影面的距离。在图 2-15（a）中，空间点 A 的每两条投射线分别确定一个平面，各平面与三个投影面分别相交，构成一个长方体。长方体中每组平行边分别相等，所以：

$X = a'a_z = aa_y = Aa''$（点 A 到 W 面的距离）；

$Y = a a_x = a''a_z = Aa'$（点 A 到 V 面的距离）；

$Z = a'a_x = a''a_y = Aa$（点 A 到 H 面的距离）。

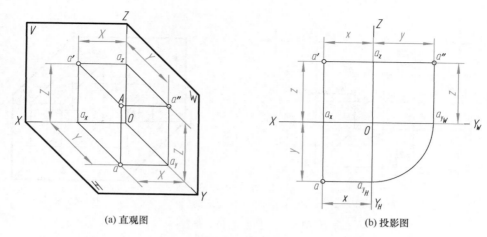

(a) 直观图　　　　　　　　　(b) 投影图

图 2-15　点的坐标

利用坐标和投影的关系，可以画出已知坐标值的点的三面投影，也可由投影量出空间点的坐标值。

【例 2-4】　已知点 A（15，10，20），求作点 A 的三面投影。

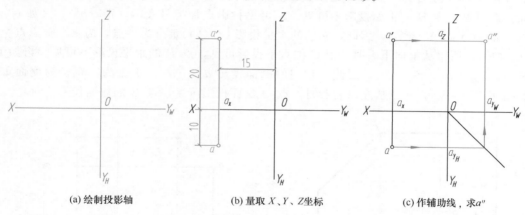

(a) 绘制投影轴　　　　　(b) 量取 X、Y、Z 坐标　　　　　(c) 作辅助线，求 a''

图 2-16　由点的坐标求点的三面投影

解：① 画出投影轴 OX、OY_H、OY_W、OZ，如图 2-16（a）所示；

② 在 OX 轴上向左量取 15，得 a_x，过 a_x 作 OX 轴垂线，并沿其向上量取 20 得 a'；向下量取 10 得 a，如图 2-16（b）所示。

③ 根据 a'、a，按点的投影规律求出第三投影 a''，如图 2-16（c）所示。

2.3.1.3　两点的相对位置和重影点

如图 2-17 所示，两点的 X、Y、Z 坐标差，即这两点对投影面 W、V、H 的距离差，在投影图中反映两点的左右、前后、上下方位关系。

两点的左、右相对位置由 X 坐标来确定，X 坐标大者在左方；

两点的前、后相对位置由 Y 坐标来确定，Y 坐标大者在前方；

两点的上、下相对位置由 Z 坐标来确定，Z 坐标大者在上方。

图 2-17 中的空间两点 A、B，在投影图中，由于点 A 的 X 坐标大于点 B 的 X 坐标，故点 A 在点 B 的左方；点 A 的 Y 坐标小于点 B 的 Y 坐标，故点 A 在点 B 的后方；点 A 的 Z 坐标小于点 B 的 Z 坐标，故点 A 在点 B 的下方，因此可以判断出点 A 在点 B 的左、后、

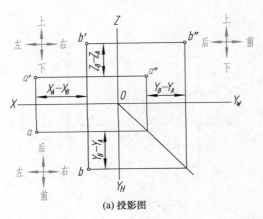
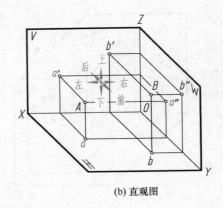

(a) 投影图   (b) 直观图

图 2-17 两点的相对位置

下方。

当空间两点处于某一投影面的同一投射线上时，它们在该投影面上的投影重合，这两点称为该投影面的重影点。如图 2-18 所示，A、B 两点，$X_A = X_B$，$Z_A = Z_B$，因此，它们的正面投影 a' 和 b' 重合为一点，为正面重影点，由于 $Y_A > Y_B$，所以从前向后看时，点 A 的正面投影可见，点 B 的正面投影不可见，不可见投影点加括号表示，即 (b')。又如 C、B 两点，$X_C = X_B$，$Y_C = Y_B$，因此，它们的水平投影 c、(b) 重合为一点，为水平重影点。由于 $Z_C > Z_B$，所以从上向下看时，点 C 的水平投影可见，点 B 的水平投影不可见。再如 D、B 两点，$Y_D = Y_B$，$Z_D = Z_B$，因此，它们的侧面投影 d''、(b'') 重合为一点，为侧面重影点。由于 $X_D > X_B$，所以从左向右看时，点 D 侧面投影可见，点 B 的侧面投影不可见。

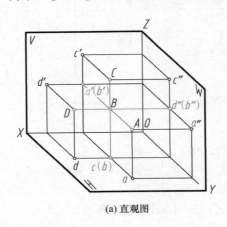
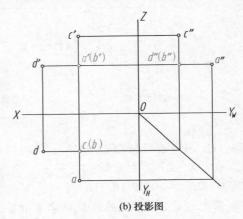

(a) 直观图   (b) 投影图

图 2-18 重影点

2.3.2 直线的投影

直线一般用线段表示，如图 2-19（a）所示为直观图，求作空间直线的三面投影，可先求得线段两端点的三面投影，如图 2-19（b）所示，然后将其同面投影用粗实线连接，就得到直线的三面投影，如图 2-19（c）所示。

2.3.2.1 各种位置直线的投影特性

根据直线与投影面的相对位置不同，将其分为三类：投影面平行线、投影面垂直线和一

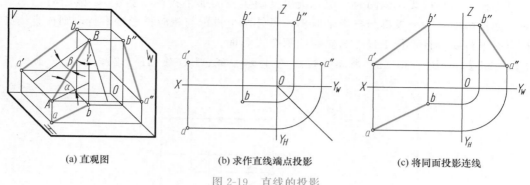

| (a) 直观图 | (b) 求作直线端点投影 | (c) 将同面投影连线 |

图 2-19　直线的投影

般位置直线，前两类统称为特殊位置直线。直线与投影面的夹角称为直线对投影面的倾角，通常直线对投影面 H、V、W 的倾角分别用字母 α、β、γ 表示。下面介绍各种位置直线的投影特性。

（1）投影面平行线　平行于一个投影面与另外两个投影面倾斜的直线称为投影面平行线；平行于 V 面称为正平线；平行于 H 面称为水平线；平行于 W 面称为侧平线。表 2-1 中，列出了三种投影面平行线的直观图、投影图及其投影特性。

表 2-1　投影面平行线的直观图、投影图及投影特性

名称	正平线	水平线	侧平线
直观图			
投影图			
投影特性	(1) $a'b'=AB$，且反映 α、γ 角； (2) $ab \parallel OX$，$a''b'' \parallel OZ$	(1) $cd=CD$，且反映 β、γ 角； (2) $c'd' \parallel OX$，$c''d'' \parallel OY_W$	(1) $e''f''=EF$，且反映 α、β 角； (2) $ef \parallel OY_H$，$e'f' \parallel OZ$

投影面平行线的投影特性归纳如下：

① 直线在所平行的投影面上的投影反映实长，实长与投影轴的夹角反映直线与另外两投影面的倾角。

② 直线在另外两个投影面上的投影长度都小于实长，并且平行于相应投影轴。

对于投影面平行线，画图时，应先画出反映实长的那个投影（斜线）。读图时，如果直线的三面投影中有一个投影与投影轴倾斜，另外两个投影与相应投影轴平行，则该直线必定是投影面平行线，且平行于投影为斜线的那个投影面。

【例 2-5】 如图 2-20（a）所示，过点 A 作水平线 AB，使 $AB=25$，且与 V 面的倾角 $\beta=30°$。

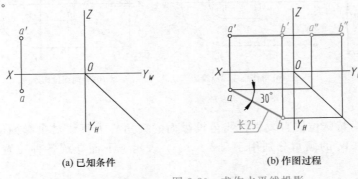

(a) 已知条件   (b) 作图过程

图 2-20 求作水平线投影

解：① 根据点的投影规律，先求得点 A 的 W 面投影 a''。

② 由投影面平行线的投影特性可知，水平线的 H 投影 ab 与 OX 轴的夹角为 β，且反映实长，也就是 $ab=AB$。过点 a 作与 OX 轴夹角 $\beta=30°$ 的直线，并在直线上量取 $ab=25$，即可求得 b。

③ 根据水平线的投影特性，水平线的 V、W 投影分别平行于 OX 轴和 OY_W 轴，分别过 a' 和 a'' 作 $a'b'//OX$、$a''b''//OY_W$，求得 b'、b''；再用直线连接，即求得水平线 AB 的三面投影，如图 2-20（b）所示。

（2）投影面垂直线　垂直于一个投影面（必平行于另外两个投影面）的直线称为投影面垂直线。垂直于 V 面称为正垂线；垂直于 H 面称为铅垂线；垂直于 W 面称为侧垂线，表 2-2 中，列出了三种投影面垂直线的直观图、投影图及其投影特性。

表 2-2　投影面垂直线的直观图、投影图及投影特性

名称	正垂线	铅垂线	侧垂线
直观图			
投影图			

名称	正垂线	铅垂线	侧垂线
投影特性	(1)a'、b'积聚为一点； (2)$ab \perp OX$，$a''b'' \perp OZ$； (3)$ab = a''b'' = AB$	(1)c、d积聚为一点； (2)$c'd' \perp OX$，$c''d'' \perp OY_W$； (3)$c'd' = c''d'' = CD$	(1)e''、f''积聚为一点； (2)$ef \perp OY_H$，$e'f' \perp OZ$； (3)$ef = e'f' = EF$

投影面垂直线的投影特性归纳如下：

① 直线在所垂直的投影面上的投影积聚成一点。

② 直线在另外两个投影面上的投影反映线段实长，且垂直于相应投影轴。

对于投影面垂直线，画图时，一般先画积聚为点的那个投影。读图时，如果直线的三面投影中有一个投影积聚为一点，则直线为该投影面的垂直线。

（3）一般位置直线　与三个投影面都倾斜的直线称为一般位置直线，如图 2-19 所示。

一般位置直线的投影特性归纳如下：

① 三个投影都与投影轴倾斜。

② 三个投影的长度都小于实长。

③ 投影与投影轴的夹角不反映直线与投影面的倾角。

2.3.2.2　直线上点的投影特性

点在直线上，则点的投影在直线的同面投影上（从属性），并将直线段的各个投影长度分割成和空间长度相同的比值（定比性），如图 2-21 所示，$AC : CB = a'c' : c'b' = ac : cb$。

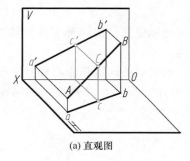

(a) 直观图　　　　　　(b) 投影图

图 2-21　直线上的点

判断点是否在直线上，对于一般位置直线只判断直线的两个投影即可，如图 2-22（a）所示。若直线是投影面平行线，且没有给出直线的实长投影，则需求出实长投影进行判断，或采用直线上点的定比性来判断，如图 2-22（b）所示。若直线是投影面垂直线，则在直线所垂直的投影面上点的投影必和直线的积聚投影重合，如图 2-22（c）所示。

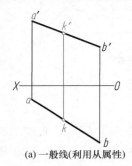
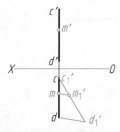
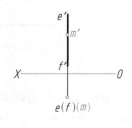

(a) 一般线(利用从属性)　　(b) 投影面平行线(利用定比性)　　(c) 投影面垂直线(利用积聚性)

图 2-22　判断点是否在直线上

【例 2-6】 已知点 C 在直线 AB 上，且点 C 把 AB 分为 $AC:CB=1:4$，求点 C 的投影，如图 2-23（a）所示。

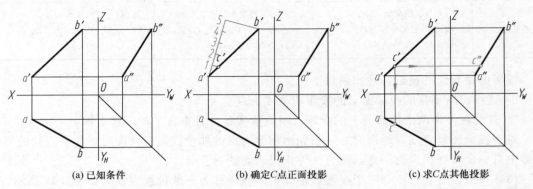

(a) 已知条件　　　　(b) 确定 C 点正面投影　　　　(c) 求 C 点其他投影

图 2-23　求直线上点的投影

解： 根据直线上点的投影特性，首先将直线 AB 的任一投影分割成 $1:4$，求得点 C 的一个投影，然后利用从属性，在直线 AB 上求出点 C 的其余投影。

作图步骤如下：

① 过点 a' 作任意直线，截取 5 个单位长度，连接 $5b'$。过 1 作 $5b'$ 平行线，交 $a'b'$ 于 c'，如图 2-23（b）所示；

② 过 c' 作投影连线，与 ab 交点为 c，与 $a''b''$ 交点为 c''，即为所求，如图 2-23（c）所示。

2.3.2.3　两直线的相对位置

两条直线的相对位置有三种情况：平行、相交和交叉。前两种又称为共面直线，后一种又称为异面直线。下面分别讨论它们的投影特性。

（1）两直线平行　若空间两直线相互平行，则它们的同面投影必相互平行，且两条直线的投影长度比等于空间长度比，如图 2-24（a）所示。反之，若两直线的同面投影都相互平行，则两直线在空间必相互平行，如图 2-24（b）所示。

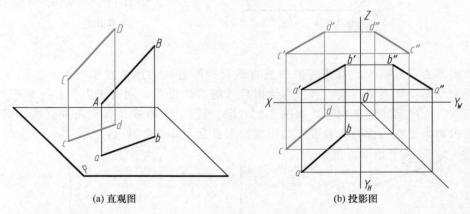

(a) 直观图　　　　　　　　　(b) 投影图

图 2-24　平行两直线的投影

在投影图中判断两直线是否平行的方法：

① 对于一般位置直线，根据两面投影判断即可。如图 2-25（a）所示，直线 AB 和 CD 是一般位置直线，给出的两面投影均相互平行，即 $ab /\!/ cd$、$a'b' /\!/ c'd'$，可以判定空间也相互平行，即 $AB /\!/ CD$。

② 对于投影面平行线，需判断直线的实长投影是否平行，仅根据另两投影的平行不能确定它们在空间是否平行。如图 2-25（b）中，侧平线 AB 和 CD，虽然 ab // cd、a'b' // c'd'，但不能确定 AB 和 CD 是否平行，还需要画出它们的侧面投影，才可以得出结论。由于 a"b"与 c"d"不平行，所以 AB 与 CD 不平行。

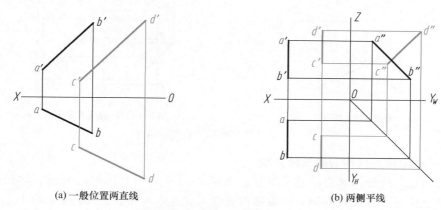

(a) 一般位置两直线　　　　　　　　(b) 两侧平线

图 2-25　判断两直线是否平行

（2）两直线相交　空间两直线相交，则它们的同面投影相交，且交点符合点的投影规律。

图 2-26 中，直线 AB 和 CD 相交于点 K，因点 K 是两条直线的共有点，所以 k 既属于 ab 又属于 cd，即 k 为 ab 和 cd 的交点。同理，k'是 a'b'和 c'd'的交点，k"是 a"b"和 c"d"的交点，因为 k、k'、k"为空间一点的三面投影，所以符合点的投影规律。

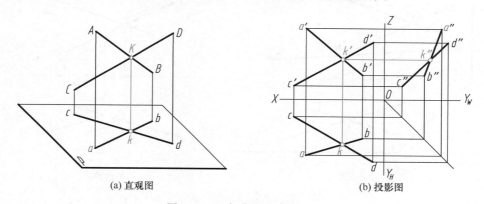

(a) 直观图　　　　　　　　　　　(b) 投影图

图 2-26　一般位置两直线相交

在投影图中判断两直线是否相交的方法：

① 对于一般位置直线，只要根据两对同面投影判断即可，如图 2-27（a）所示，可判断 AB 和 CD 相交。

② 当两直线中有一条直线是投影面平行线时，应根据该直线在所平行的投影面内的投影来判断。在图 2-27（b）中，直线 AB 和侧平线 CD 的水平投影、正面投影均相交，但不能确定它们在空间是否相交，还需画出它们的侧面投影 a"b"、c"d"才能得出正确结论。从图中可知，正面投影的交点和侧面投影"交点"的连线不垂直于 OZ 轴，也就是交点不符合点的投影规律，所以直线 AB 与侧平线 CD 不相交。

（3）交叉两直线　空间两直线既不平行也不相交，称为交叉两直线。交叉两直线的各面投影既不符合平行两直线的投影特性，又不符合相交两直线的投影特性。如图 2-25（b）和

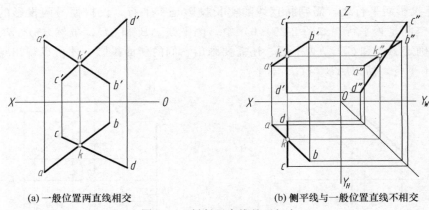

(a) 一般位置两直线相交　　　　　　　　(b) 侧平线与一般位置直线不相交

图 2-27　判断两直线是否相交

图 2-27 (b) 所示两直线均为交叉两直线。

　　画交叉两直线投影图时应注意可见性。在图 2-28 中，两直线的同面投影均相交，但两对投影的交点连线不垂直 OX 轴，即说明两直线无交点，不相交。AB 线上的 Ⅰ 点和 CD 线上的点 Ⅱ，在 V 面上投影重合于 $a'b'$ 和 $c'd'$ 的交点 $1'(2')$，因 $Y_Ⅰ > Y_Ⅱ$，故 Ⅰ、Ⅱ 两重影点的 V 面投影，点 $1'$ 可见，点 $2'$ 不可见，写成 $1'(2')$；CD 线上的点 Ⅲ 与 AB 线上的点 Ⅳ 在 H 面上投影重合，因 $Z_Ⅲ > Z_Ⅳ$，故 Ⅲ、Ⅳ 两重影点的 H 面投影，点 3 可见，点 4 不可见，写成 $3(4)$。

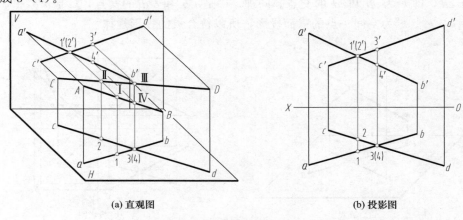

(a) 直观图　　　　　　　　　　　　　(b) 投影图

图 2-28　交叉两直线上重影点的可见性

2.3.3　平面的投影

2.3.3.1　平面的表示方法

(1) 用几何元素表示平面　平面的几何元素表示法有以下几种：

① 不在同一直线上的三点；

② 一直线和直线外的一点；

③ 平行两直线；

④ 相交两直线；

⑤ 平面图形。

分别画出这些几何元素的投影就可以确定一个平面的投影，如图 2-29 所示。

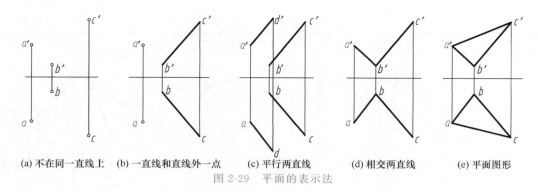

(a) 不在同一直线上　　(b) 一直线和直线外一点　　(c) 平行两直线　　(d) 相交两直线　　(e) 平面图形

图 2-29　平面的表示法

（2）用迹线表示平面　平面与投影面的交线称为平面的迹线，如图 2-30（a）所示。平面 P 与 H 面的交线称为平面的水平迹线，用 P_H 标记；平面 P 与 V 面的交线称为平面的正面迹线，用 P_V 标记。

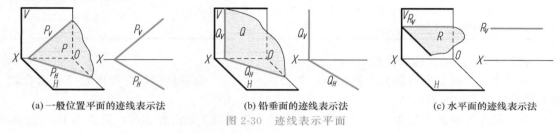

(a) 一般位置平面的迹线表示法　　　　(b) 铅垂面的迹线表示法　　　　(c) 水平面的迹线表示法

图 2-30　迹线表示平面

因为 P_V 位于 V 面内，所以它的正面投影和它本身重合，它的水平投影和 OX 轴重合，为简化起见，我们只标注迹线本身，而不再用符号标出它的各个投影，图 2-30（a）为一般位置平面的迹线表示法；图 2-30（b）为铅垂面的迹线表示法；图 2-30（c）为水平面的迹线表示法。

2.3.3.2　各种位置平面的投影特性

根据平面与投影面的相对位置不同，将其分为三类：投影面垂直面、投影面平行面和一般位置平面。前两类统称为特殊位置平面。通常平面对投影面 H、V、W 的倾角分别用字母 α、β、γ 表示。下面介绍各种位置平面的投影特性。

（1）投影面垂直面　垂直于一个投影面而与另外两投影面倾斜的平面称为投影面垂直面。垂直于 V 面称为正垂面；垂直于 H 面称为铅垂面；垂直于 W 面称为侧垂面，表 2-3 中列出了这三种投影面垂直面的直观图、投影图及其投影特性。

表 2-3　投影面垂直线的直观图、投影图及投影特性

名称	正垂面	铅垂面	侧垂面
直观图			

名称	正垂面	铅垂面	侧垂面
投影图			
投影特征	(1) V 面投影有积聚性,且反映 α、γ 角; (2) H 面、W 面投影为类似图形	(1) H 面投影有积聚性,且反映 β、γ 角; (2) V 面、W 面投影为类似图形	(1) W 面投影有积聚性,且反映 α、β 角; (2) H 面、V 面投影为类似图形

投影面垂直面的投影特性归纳如下:

① 平面在所垂直的投影面上的投影,积聚成一斜线。积聚投影与两投影轴的夹角反映平面与另外两投影面的倾角。

② 平面在另外两个投影面上的投影有类似性(投影与实形边数相等,面积小于实形)。

对于投影面垂直面,画图时,应注意两个具有类似性的投影应边数相等,曲直相同,凹凸一致。读图时,如果平面的三面投影中有一个投影积聚成一斜线,另外两个投影为类似形,则该平面必定是投影面垂直面,且垂直于投影积聚为斜线的那个投影面。

【例2-7】 如图 2-31(a)所示,平面图形 P 为正垂面,已知 P 面的水平投影 p 及其上顶点 1 的 V 面投影 $1'$,且 P 对 H 面的倾角 $\alpha=30°$,试完成该平面的 V 面和 W 面投影。

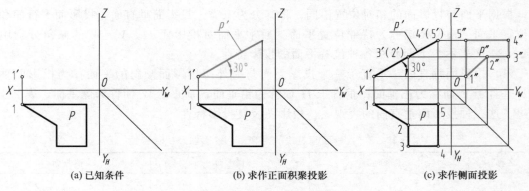

(a) 已知条件 (b) 求作正面积聚投影 (c) 求作侧面投影

图 2-31　作正垂面的投影

解: 因 P 平面为正垂面,其 V 面投影积聚成一斜直线,此倾斜直线与 OX 轴的夹角即为 α 角。正垂面的侧面投影为类似形,可首先根据水平投影和正面投影求出平面各顶点的侧面投影,顺次连接即得平面的侧面投影。

作图步骤如下:

① 过 $1'$ 作与 OX 轴倾斜 $30°$ 的斜线,根据 H 面投影确定其积聚投影长度,结果如图 2-31(b)所示;

② 在水平投影中标注五边形其余四个顶点的标记 2、3、4、5，分别过 2、3、4、5 点作投影连线，求得其正面投影 2′、3′、4′、5′，再由水平投影和正面投影求出五边形各顶点的侧面投影 1″、2″、3″、4″、5″，依次连接各顶点，即得平面 P 的 W 面投影，结果如图 2-31 (c) 所示。

(2) 投影面平行面　平行于一个投影面（必垂直于另外两投影面）的平面称为投影面平行面。平行于 V 面称为正平面；平行于 H 面称为水平面；平行于 W 面称为侧平面，表 2-4 中列出了这三种平行面的直观图、投影图及其投影特性。

表 2-4　投影面平行面的投影特性

名称	正平面	水平面	侧平面
直观图	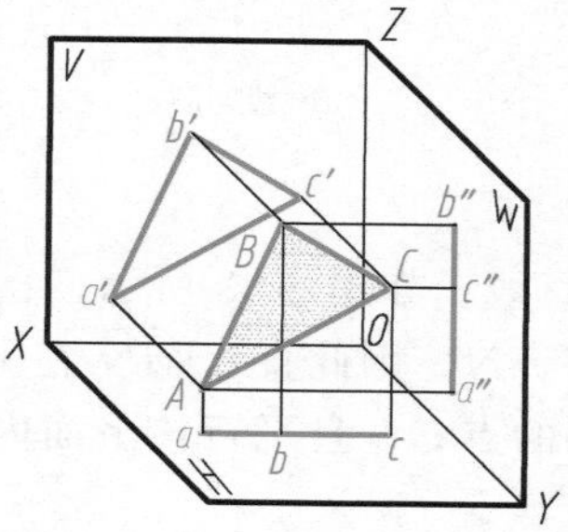	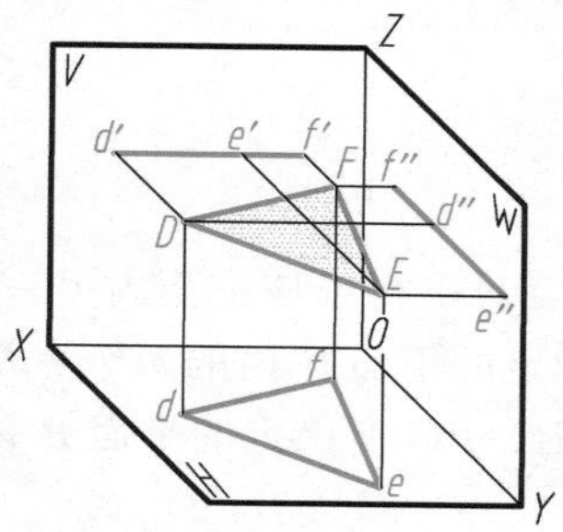	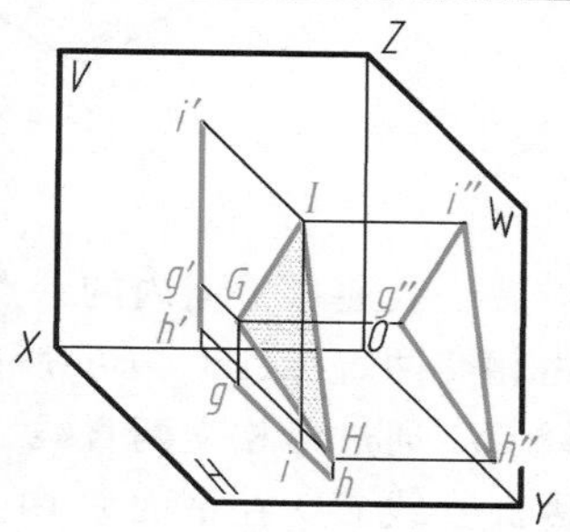
投影图	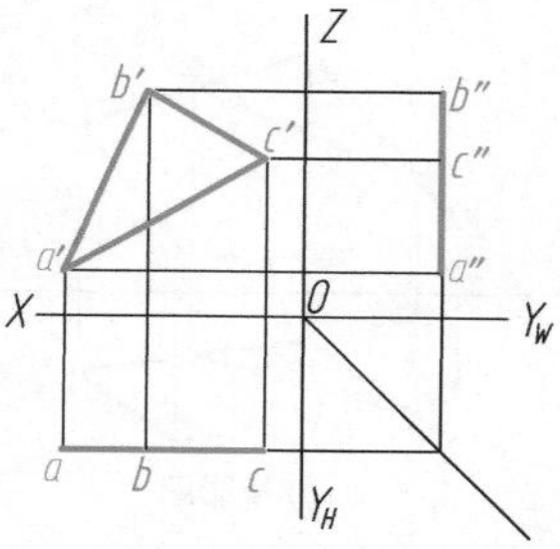	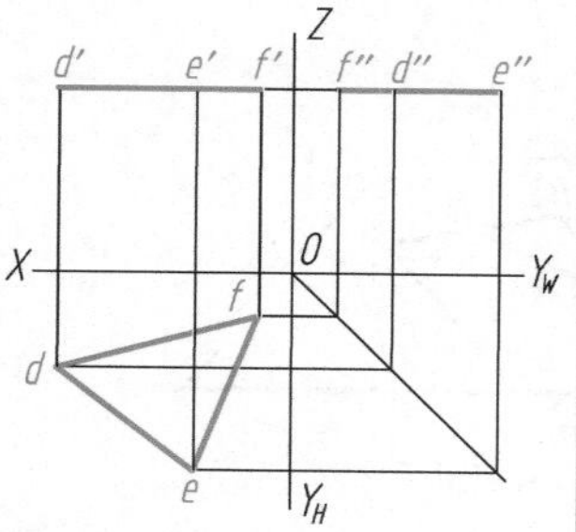	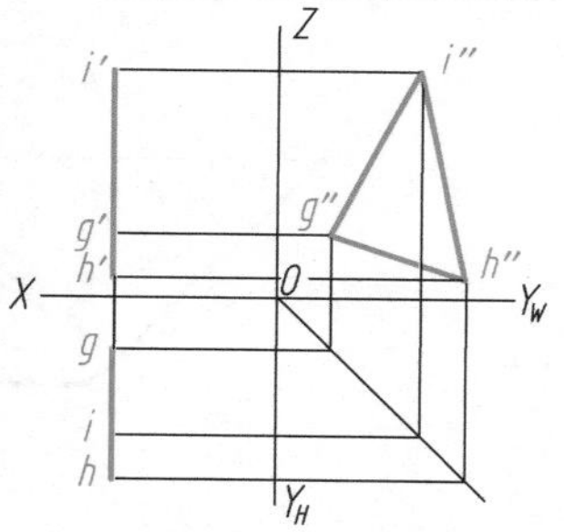
投影特征	(1) V 面投影反映实形； (2) H 面投影、W 面投影均积聚成直线，分别平行于 OX、OZ 轴	(1) H 面投影反映实形； (2) V 面投影、W 面投影均积聚成直线，分别平行于 OX、OY_W 轴	(1) W 面投影反映实形； (2) V 面投影、H 面投影均积聚成直线，分别平行于 OZ、OY_H 轴

投影面平行面的投影特性如下：

① 平面在所平行的投影面上的投影反映实形。

② 平面在另外两个投影面上的投影积聚成直线，并且平行相应投影轴。

对于投影面平行面，画图时，一般先画反映实形的那个投影。读图时，只要平面的投影图中有一个投影积聚为与投影轴平行的直线段，即可判断该平面为投影面的平行面，平面的三面投影中为平面图形的投影即为平面的实形。

(3) 一般位置平面　与三个投影面都倾斜的平面称为一般位置平面，如图 2-32 所示。

一般位置平面的投影特性归纳如下：

① 三个投影是边数相等的原图形的类似形；

② 投影图中不反映平面与投影面的倾角。

2.3.3.3　平面内的点和直线

(1) 直线在平面内的几何条件　直线在平面内的几何条件是：直线通过平面内的两点；

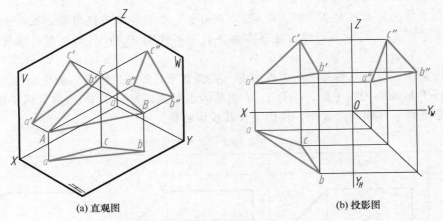

(a) 直观图   (b) 投影图

图 2-32　一般位置平面

或者直线通过平面内的一点，且平行于该平面内另一直线。如图 2-33 所示，直线 MN 通过由相交两直线 AB、BC 所确定的平面 P 内的两个点 M、N，因此直线 MN 在平面 P 内；直线 CD 通过由相交两直线 AB、BC 所确定的平面 P 内的点 C，且平行该平面内的直线 AB，因此直线 CD 在平面 P 内。

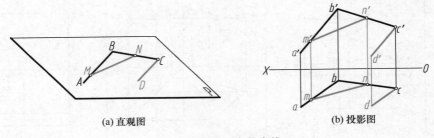

(a) 直观图   (b) 投影图

图 2-33　平面内的直线

（2）点在平面内的几何条件　点在平面内的几何条件是该点在这个平面内的某一条直线上，如图 2-34 所示，由于 M 点在由相交两直线 AB、BC 所确定的平面 P 内的直线 AB 上，因此点 M 是 P 平面内的点。

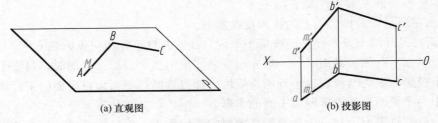

(a) 直观图   (b) 投影图

图 2-34　平面内的点

【例 2-8】　如图 2-35 所示，已知点 M 在 △ABC 平面上，点 N 在 △DEF 上，并知点 M、N 的正面投影 m′、n′，求其水平投影 m、n。

解：△ABC 两投影均为平面图形，求作其上点的投影需作辅助线；△DEF 为铅垂面，可利用其水平投影的积聚性，直接投影作图。

作图步骤如下：

① **求 m**　过 m' 在平面内作任意辅助线，如图 2-35（a）所示，作辅助线 CD 的正面投影 $c'd'$，并求出其水平投影 cd，利用直线上点的从属性，在 cd 上求得 m，即为所求。

② **求 n**　如图 2-35（b）所示，过 n' 向下作投影连线，与 $\triangle DEF$ 积聚投影 def 的交点即为 n。

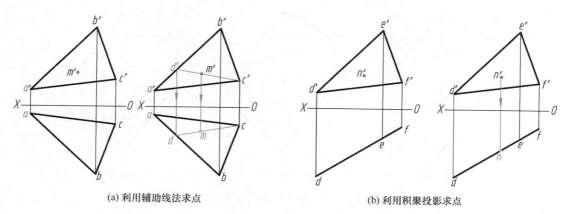

(a) 利用辅助线法求点　　　　　　　　(b) 利用积聚投影求点

图 2-35　平面上求点的投影

【例 2-9】　如图 2-36（a）所示，已知平面 ABC 及点 K、直线 AM 的两面投影，判断点 K、直线 AM 是否在 $\triangle ABC$ 上。

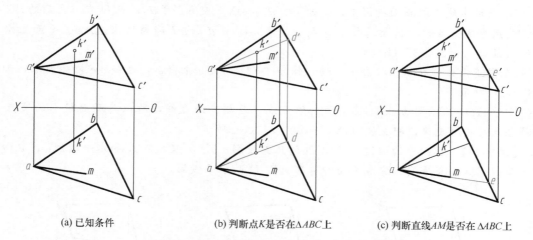

(a) 已知条件　　　　(b) 判断点 K 是否在 $\triangle ABC$ 上　　　　(c) 判断直线 AM 是否在 $\triangle ABC$ 上

图 2-36　判断点 K、直线 AM 是否在 $\triangle ABC$ 上

解： 根据点、直线在平面内的几何条件，若点 K 在 $\triangle ABC$ 平面内的一条线上，则点 K 在 $\triangle ABC$ 平面上，否则点 K 就不在 $\triangle ABC$ 平面上。对于直线 AM，由于点 A 是 $\triangle ABC$ 平面上的已知点，只要判断 M 点是否在 $\triangle ABC$ 平面上，就可以判断出直线 AM 是否在 $\triangle ABC$ 平面上。

作图步骤如下：

① 如图 2-36（b）所示，假设点 K 在 $\triangle ABC$ 平面上，作 AK 的正面投影，即连接 a' k'，并延长与 $b'c'$ 交于 d'；

② 由 d' 求出其水平投影 d，连线 ad。由于 K 点的水平投影在 ad 上，说明点 K 在 $\triangle ABC$ 平面上的直线 AD 上，即点 K 在 $\triangle ABC$ 平面上；

③ 如图 2-36（c）所示，采用同样方法，判断出点 M 不在△ABC 平面上，则直线 AM 不在△ABC 平面上。

【例 2-10】 如图 2-37（a）所示，已知△ABC 的两面投影，试在△ABC 上通过 A 点作水平线，通过 C 点作正平线。

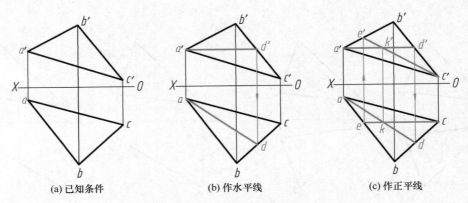

| (a) 已知条件 | (b) 作水平线 | (c) 作正平线 |

图 2-37 平面上的投影面平行线

解：在平面上作水平线和正平线，不仅要符合平面上直线的投影特性，而且要符合投影面平行线的投影特性，即水平线的正面投影平行 OX 轴；正平线的水平投影平行 OX 轴。

作图步骤如下：

① 求水平线 在正面投影中，过 a' 作 $a'd'//OX$，交 $b'c'$ 于 d'，点 D 在三角形的 BC 边上，利用直线上点的从属性，由 d' 求得 d，连 ad。$a'd'$、ad 即为所求△ABC 平面上水平线的两投影，如图 2-37（b）所示。

② 求正平线 在水平投影中，过 c 作 $ce//OX$，由 e 求得 e'，连接 $c'e'$ 即为所求，如图 2-37（c）所示。

由于 AD、CE 均为△ABC 平面内的直线，是相交两直线，所以其两面投影的交点 K 应符合点的投影规律，即 $k'k⊥OX$，如图 2-37（c）所示。

【例 2-11】 已知平面四边形 $ABCD$ 的正面投影 $a'b'c'd'$ 及顶点 A 的水平投影 a，且四边形对角线 BD 为正平线，完成平面四边形 $ABCD$ 的水平投影。

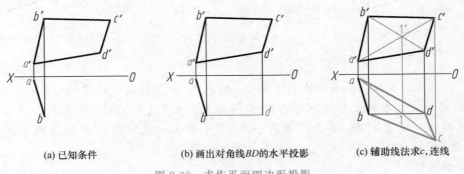

| (a) 已知条件 | (b) 画出对角线 BD 的水平投影 | (c) 辅助线法求 c，连线 |

图 2-38 求作平面四边形投影

解：由图 2-38（a）可知，只要作出 C、D 两点的水平投影 c、d，然后顺次连接 b、c、d、a 即可。因为平面四边形的对角线为正平线，根据正平线的投影特性，其水平投影与 OX 轴平行，可画出其水平投影，从而确定顶点 D 的水平投影。再利用辅助线法，在

△ABD 的平面上求出点 C，连线即完成平面四边形的水平投影。

作图步骤如下：

① 在水平投影中，过 b 作 OX 平行线与过 d′所作投影连线的交点即为 d；如图 2-38 (b) 所示。

② 在正面投影中，画出两条对角线，其交点为 1′，在对角线 BD 的水平投影上求得 1，连线 a1 并延长，与由正面投影 c′所作投影连线交点为 c，连接 bc、cd、da 三条边即为所求。见图 2-38 (c)。

复习思考题

1. 投影法有几种？正投影是怎样形成的？
2. 正投影的投影特性有哪些？
3. 简述三投影面体系中各投影面、投影轴、投影图的名称。
4. 三投影面体系是如何展开的？
5. 物体的三视图，每个视图各反映物体的哪个方向的尺寸？
6. 正投影和正投影面是相同的概念吗？它们的区别是什么？
7. 什么是投影图？什么是视图？
8. 为什么根据点的两面投影可求其第三投影？
9. 如何根据投影图判别两点的相对位置？
10. 什么是"重影点"？说明产生重影点的条件，投影上如何表示？
11. 直线按与投影面的相对位置不同分为哪几类？
12. 投影面的平行线与投影面的垂直线有什么不同？
13. 以正平线为例说明投影面平行线的投影特性。
14. 以铅垂线为例说明投影面垂直线的投影特性。
15. 属于直线的点投影具有什么特性？
16. 两直线的相对位置有哪些？如何通过投影图判别两直线的相对位置？
17. 平面按与投影面的相对位置不同分为哪几类？
18. 以铅垂面为例说明投影面垂直面的投影特性。
19. 直线属于平面的几何条件是什么？点属于平面的几何条件是什么？
20. 简述过定点在平面内作水平线的作图步骤。

第3章

立体及其表面交线

3.1 立体的投影

立体按其表面的构成不同可分为平面立体和曲面立体。表面全部由平面围成的立体称为平面立体，表面由曲面或曲面和平面围成的立体称为曲面立体。

3.1.1 平面立体的投影

工程中常用的平面立体是棱柱和棱锥。由于平面立体由若干多边形围成，则画平面立体的投影，就是画各个多边形的投影。多边形的边线是立体相邻表面的交线，即为平面立体的轮廓线。当轮廓线可见时，画粗实线；不可见时画虚线；当粗实线与虚线重合时，应画粗实线。

3.1.1.1 棱柱

棱柱是由一个顶面、一个底面和几个侧棱面组成的。棱面与棱面的交线称为棱线，棱柱的棱线是相互平行的。棱线垂直于底面的棱柱称为直棱柱；棱线与底面斜交的棱柱称为斜棱柱；底面是正多边形的直棱柱称为正棱柱。棱柱按棱线数目可分为三棱柱、四棱柱、五棱柱、六棱柱等。

（1）棱柱的投影　如图 3-1（a）所示，正六棱柱的顶面和底面都是水平面，它们的边分别是四条水平线和两条侧垂线。侧棱面是由四个铅垂面和两个正平面组成，棱线是六条铅垂线。

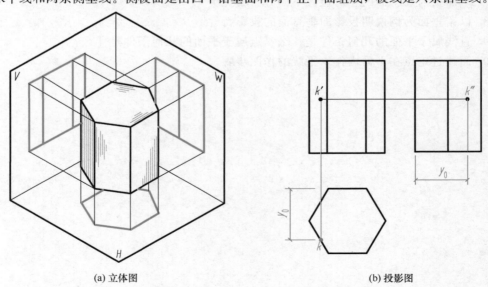

(a) 立体图 　　　　　　　　　　　(b) 投影图

图 3-1　棱柱的投影及表面取点

作图步骤如下：

① 先画出棱柱的水平投影正六边形，六棱柱的顶面和底面是水平面，正六边形是六棱柱顶面、底面重合的实形，顶面和底面的边线均反映实长。六棱柱六个棱面的水平投影积聚在六边形的六条边上，六条侧棱的水平投影积聚在六边形六个顶点上。该投影为棱柱的形状特征投影。

② 根据六棱柱的高度尺寸，画出六棱柱顶面和底面有积聚性的正面、侧面投影。

③ 按照投影关系分别画出六条侧棱线的正面、侧面投影，即得到六棱柱的六个侧棱面的投影。如图 3-1（b）所示。六棱柱的前后侧棱面为正平面，正面投影反映实形，侧面投影均积聚为两条直线段。另外四个侧棱面为铅垂面，正面和侧面投影均为类似形。

（2）棱柱表面上取点　因为棱柱表面都是平面，所以在棱柱表面上取点与在平面上取点的方法相同。作图时，应首先确定点所在平面的投影位置，然后利用平面上点的投影作图规律求作该点的投影。

如图 3-1（b）所示，已知棱柱表面上点 K 的正面投影 k'，求 k 和 k''。

因 k' 是可见的，所以点 k 在棱柱的左前棱面上，该棱面的水平投影积聚成一条线，它是六边形的一条边，k 就在此边上。再按投影关系，可求得 K 点的侧面投影 k''。

3.1.1.2　棱锥

棱锥有一个底面和几个侧棱面，棱锥的全部棱线交于锥顶。当棱锥的底面为正多边形，顶点在底面的投影位于多边形中心的棱锥叫作正棱锥。棱锥按棱线数的不同可分为三棱锥、四棱锥、五棱锥、六棱锥等。

（1）棱锥的投影　如图 3-2（a）所示，棱锥底面是水平面，底面的边线分别是两条水平线和一条侧垂线。左、右侧棱面是一般位置平面；后棱面是侧垂面。前棱线是侧平线，另两条棱线是一般位置直线。

作图步骤如下：

① 先画出三棱锥底面的三面投影，水平投影△abc 反映底面实形，正面投影和侧面投影分别积聚成一直线段。

② 根据棱锥的高度尺寸画出锥顶 S 的三面投影。

③ 过锥顶向底面各顶点连线，画出三棱锥的三条侧棱的三面投影，即得到三棱锥三个侧棱面的投影。如图 3-2（b）所示，左、右两棱面△SAB、△SBC 为一般位置平面，三面投影都是类似的三角形。侧面投影 $s''a''b''$ 和 $s''c''b''$ 重合。后棱面△SAC 是侧垂面，侧面投影积聚为一直线 $s''a''$（c''），水平投影和正面投影都是其类似形。

（2）棱锥表面上取点　如图 3-2（b）所示，已知棱锥表面一点 K 的正面投影 k'，试求点 K 的水平和侧面投影。

由于 k' 可见，可以断定点 K 在△SAB 棱面上，在一般位置棱面上找点，需作辅助线。过 K 点的已知投影在△SAB 棱面上作一辅助线，然后在辅助线的投影上求出点的投影。

作图过程如图 3-2（b）所示。过 k' 在投影面△$s'a'b'$ 上作一水平线 $m'n'$（也可作其他形式辅助线）与 $s'a'$ 交于 m'，与 $s'b'$ 交于 n'。如图 3-2（b）所示，$m'n' /\!/ a'b'$，根据平行两直线的投影特性可知 $mn /\!/ ab$。由 m' 可以在 sa 上求出 m，作 $mn /\!/ ab$，点的水平投影 k 在 mn 上。利用点的投影规律，可求出 k''。

3.1.2　曲面立体的投影

常见的曲面立体是回转体，回转体是由回转面或回转面和平面围成的立体。工程中常用

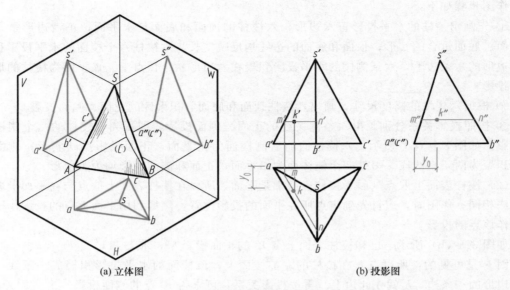

(a) 立体图   (b) 投影图

图 3-2   棱锥的投影及表面取点

的是圆柱、圆锥和球。绘制回转体的投影，就是画回转面和平面的投影。回转面上可见面与不可见面的分界线称为转向轮廓素线。画回转面的投影，需画出回转面的转向轮廓素线和轴线的投影。

3.1.2.1   圆柱

圆柱是由圆柱面、顶面和底面组成的。圆柱面是由直线绕与它平行的轴线旋转而成。这条旋转的直线叫作母线，圆柱面上任一位置的母线称为素线，如图 3-3 （a) 所示。

（1）圆柱的投影   如图 3-3 （a) 所示圆柱体，其轴线为铅垂线，圆柱面垂直 H 面，圆柱的顶面和底面是水平面。

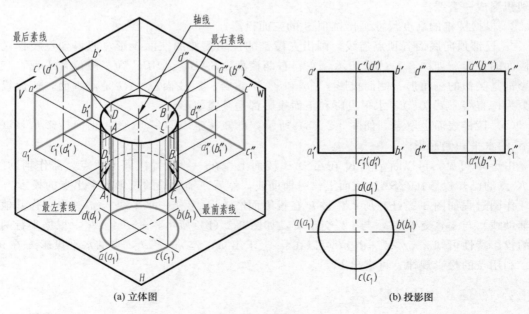

(a) 立体图   (b) 投影图

图 3-3   圆柱的投影

圆柱体的投影分析：如图 3-3（b）所示。圆柱的顶面和底面的水平投影反映实形——圆，圆心是圆柱轴线的水平投影。顶面和底面的正面投影积聚成两条直线段 $a'b'$、$a_1'b_1'$，侧面投影积聚成两条直线段 $d''c''$、$d_1''c_1''$；圆柱面垂直 H 面，水平投影积聚成一个圆，圆柱的素线为铅垂线。正面投影矩形的 $a'a_1'$ 和 $b'b_1'$ 两条直线段是圆柱面对正面投影的转向轮廓线，它们是圆柱面上最左、最右素线的正面投影，也是正面投影可见的前半圆柱面和不可见的后半圆柱面的分界线。侧面投影矩形的 $c''c_1''$ 和 $d''d_1''$ 两条直线段是圆柱面对侧面投影的转向轮廓线，它们是圆柱面上最前、最后素线的侧面投影，也是侧面投影可见的左半圆柱面和不可见的右半圆柱面的分界线。在圆柱体的矩形投影中，应用点画线画出圆柱面轴线的投影。

作图步骤如下：

① 先画出圆柱体各投影的轴线、中心线，再根据圆柱体底面的直径绘制出水平投影——圆；

② 根据圆柱的高度尺寸，画出圆柱顶面和底面有积聚性的正面、侧面投影；

③ 在正面投影中画出圆柱最左、最右轮廓素线的投影；侧面投影中画出最前、最后轮廓素线的投影，结果如图 3-3（b）所示。

（2）圆柱表面上取点　如图 3-4 所示，已知圆柱面上点 E 和 F 的正面投影 e' 和（f'），求作它们的水平投影和侧面投影。

由于 e' 可见，（f'）不可见，可知点 E 在前半个圆柱面上，点 F 在后半个圆柱面上。先由 e'、（f'）引垂直投影连线，在圆柱面有积聚性的水平投影上分别求出两点的水平投影 e 和 f。然后，利用点的投影规律求出两点的侧面投影 e'' 和（f''），由水平投影可知点 E 在左半圆柱面上，点 F 在右半圆柱面上，故 e'' 可见，f'' 不可见，记为（f''）。

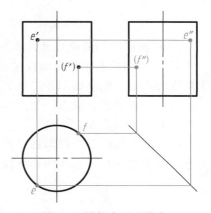

图 3-4　圆柱表面上取点

3.1.2.2　圆锥

圆锥由圆锥面和底面围成。圆锥面是由直线绕与它相交的轴线旋转而成，这条旋转的直线称为母线，圆锥面上任一位置的母线称为素线。

（1）圆锥的投影　如图 3-5 所示圆锥，其轴线为铅垂线，圆锥底面为水平面，圆锥面相对三个投影面都处于一般位置。

圆锥体的投影分析：如图 3-5（b）所示。圆锥底面的水平投影反映实形，正面投影、侧面投影分别积聚成直线段。圆锥面的水平投影与底面水平投影相重合，圆锥面的正面和侧面投影分别为等腰三角形。正面投影三角形的边线 $s'a'$ 和 $s'b'$ 是圆锥面对正面投影的转向轮廓线，它们是圆锥面上最左、最右素线的正面投影，也是正面投影可见的前半圆锥面与不可见的后半圆锥面的分界线。侧面投影三角线的边线 $s''c''$ 和 $s''d''$ 是圆锥面对侧面投影的转向轮廓线，它们是圆锥面上最前、最后素线的侧面投影，也是侧面投影可见的左半圆锥面与不可见的右半圆锥面的分界线。

作图步骤如下：

① 先用点画线画出圆锥各投影的轴线、中心线，再根据圆锥底面的半径绘制出水平投影——圆；

② 画出圆锥底面有积聚性的正面、侧面投影；

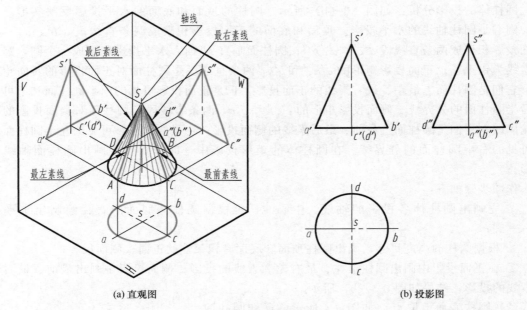

(a) 直观图　　　　　　　　　　　　　　　　(b) 投影图

图 3-5　圆锥的投影

③ 根据圆锥的高度尺寸，画出锥顶的正面、侧面投影；

④ 在正面投影中画出圆锥最左、最右轮廓素线的投影；侧面投影中画出最前、最后轮廓素线的投影，结果如图 3-5（b）所示。

（2）圆锥表面上取点　如图 3-6 所示，已知圆锥面上点 K 的正面投影 k'，求作它的水平投影 k 和侧面投影 k''。

由于圆锥面的三个投影都没有积聚性，圆锥面上找点需作辅助线。在圆锥面上取点的作图方法通常有两种，素线法和纬圆法，现分述如下。

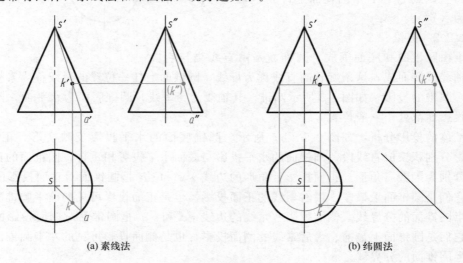

(a) 素线法　　　　　　　　　　　　　　　　(b) 纬圆法

图 3-6　圆锥表面取点

① 素线法　如图 3-6（a）所示，由于 k' 可见，所以点 K 在前半圆锥面上。过点 K 在圆锥面上画一条素线，连接 $s'k'$，并延长交底圆于 a'，得素线的正面投影。再由 a' 向下作投影连线，与水平投影圆交点即为 a，连接 sa 得素线的水平投影，利用直线上点的投影特

性，可求得 K 点水平投影 k。再由 k'、k 求出 k''。

因为圆锥面水平投影可见，所以 k 可见，又因为 K 点在右半个圆锥面上，所以 k'' 不可见，记为（k''）。

② 纬圆法　如图 3-6（b）所示，过点 K 作垂直于轴线的水平圆，该圆称为纬圆，纬圆正面投影和侧面投影都积聚成一条水平线，水平投影是底面投影的同心圆。点 K 的三个投影分别在该圆的三个投影上。

3.1.2.3　圆球

球由球面围成。球面由圆母线绕其直径旋转而成。

（1）圆球的投影　如图 3-7 所示，圆球的投影分别为三个与圆球直径相等的圆，这三个圆是球面三个方向转向轮廓线的投影。

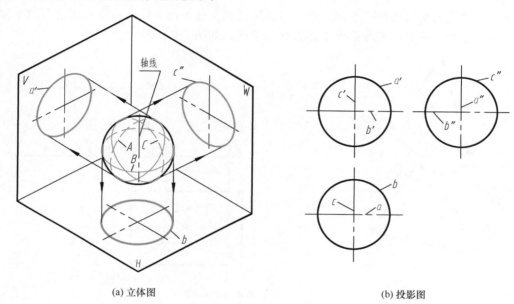

(a) 立体图　　　　　　　　　　　　　　(b) 投影图

图 3-7　圆球的投影

正面投影的转向轮廓线是球面上平行于正面的最大圆的投影，它是前后半球面的分界线。水平投影的转向轮廓线是球面上平行于水平面的最大圆的水平投影，它是上下半球面的分界线。侧面投影的转向轮廓线是球面上平行于侧面的最大圆的侧面投影，它是左右半球面的分界线。在球的三面投影中，应分别用点画线画出对称中心线。圆球的投影如图 3-7（b）所示。

作图步骤如下：

① 先用点画线画出圆球各投影的中心线；

② 根据圆球的半径，分别画出 A、B、C 三个圆的实形投影，结果如图 3-7（b）所示。

（2）圆球表面上取点　如图 3-8 所示，已知圆球面上点 K 的正面投影 k'，求作点 K 的水平投影和侧面投影。由于球面的三个投影都没有积聚性，且母线不为直线，故只能用纬圆法，过点 K 作水平圆。过

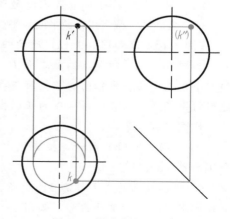

图 3-8　圆球表面上取点

k'作水平圆的正面投影，再作水平圆的侧面投影和反映水平圆实形的水平投影。因为k'可见，由k'引垂直投影连线求出k，再由k'引出水平投影连线，按投影关系求出k''。因K点在圆球的上方、前方、右方，故k可见，k''不可见。

3.2 平面与立体相交

平面与立体表面的交线称为截交线。平面称为截平面，由截交线所围成的平面图形称为截断面。

3.2.1 平面与平面立体相交

平面立体的截交线围成一个多边形，多边形的顶点是平面立体的棱线或底边与截平面的交点，多边形的边是截平面与平面立体表面的交线，如图3-9所示。

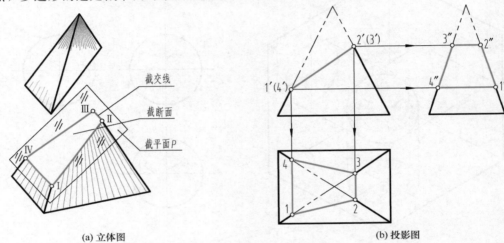

(a) 立体图　　　　　　　　　　　(b) 投影图

图3-9　四棱锥被正垂面截切

截交线具有如下性质：

（1）共有性　截交线是截平面与平面立体表面的共有线，它既在截平面上，又在平面立体表面上，截交线上的点，均是截平面与平面立体表面的共有点。

（2）封闭性　因平面立体表面是封闭的，故截交线一般情况下都是封闭的平面图形。

（3）表面性　截交线是截平面与平面立体表面的交线，因此截交线均在平面立体的表面上。

【例3-1】　求如图3-9（a）所示四棱锥切割体的投影。

如图3-9（a）所示，因截平面P与四棱锥四个棱面相交，所以截交线围成四边形，它的四个顶点即为四棱锥的四条棱线与截平面P的交点。因P平面是正垂面，所以截交线四边形四个顶点Ⅰ、Ⅱ、Ⅲ、Ⅳ的正面投影$1'$、$2'$、$3'$、$4'$重合在P平面有积聚性的投影上。

作图步骤如下：

① 如图3-9（b）所示，按直线上点的投影特性，由$1'$、$2'$、$3'$、$4'$可求出1、2、3、4和$1''$、$2''$、$3''$、$4''$。

② 将各顶点的水平投影1、2、3、4和侧面投影$1''$、$2''$、$3''$、$4''$依次连接起来，即得截交线的水平投影和侧面投影，如图3-9（b）所示。

③ 处理轮廓线，如图3-9（b）所示，各侧棱线以交点为界，擦去切除一侧的棱线，并

将保留的轮廓线加深为粗实线。

【例3-2】 补画如图3-10（a）所示五棱柱切割体的左视图。

解：如图3-10（a）所示，五棱柱被正垂面P及侧平面Q同时截切，因此，要分别求出P平面及Q平面与五棱柱的截交线的投影。P平面与五棱柱的四个侧棱面及Q面相交，其截断面的空间形状为平面五边形；Q平面与五棱柱的顶面、两个侧棱面及P面相交，其截断面的空间形状为矩形。补画左视图时，应在画出五棱柱左视图的基础上，正确画出各截断面的投影。

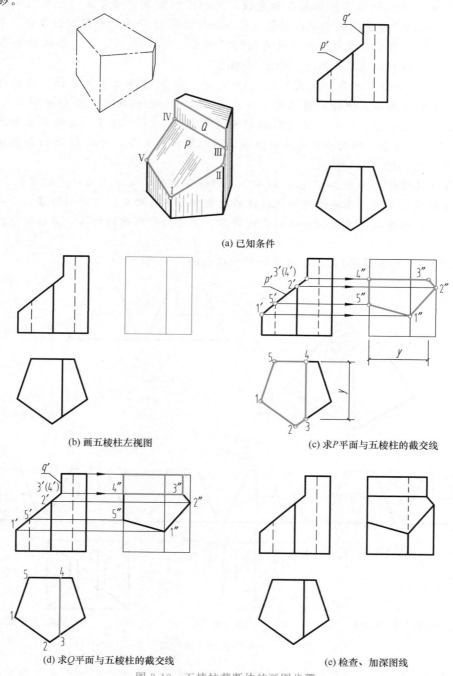

(a) 已知条件

(b) 画五棱柱左视图　　　　　　(c) 求P平面与五棱柱的截交线

(d) 求Q平面与五棱柱的截交线　　　　(e) 检查、加深图线

图3-10　五棱柱截断体的画图步骤

作图步骤如下：

（1）画出五棱柱的左视图 如图 3-10（b）所示。

（2）求作各截断面投影

① 求作正垂面 P 的投影 如图 3-10（a）所示，由于 P 平面为正垂面，利用正垂面的积聚投影，在正视图上依次标出正垂面 P 与五棱柱棱线的交点 $1'$、$2'$、$5'$ 及与 Q 平面交线的端点 $3'$（$4'$）的投影，截交线的投影与正垂面的积聚投影重合。同理，由于五棱柱各棱面的水平投影及 Q 平面的水平投影都有积聚性，可利用积聚投影确定五边形各顶点的水平投影 1、2、3、4、5，截交线的水平投影与五棱柱侧棱面及 Q 平面的积聚投影重合。根据正面投影和水平投影，可求出截交线各顶点的侧面投影 $1''$、$2''$、$3''$、$4''$、$5''$，依次连接各顶点即为截交线的侧面投影，结果如图 3-10（c）所示。

② 求作侧平面 Q 的投影 如图 3-10（a）所示，由于 Q 平面为侧平面，与其相交的两个棱面分别为铅垂面和正平面，因此其交线均为铅垂线，它们的水平投影分别积聚在 3、4 点，侧面投影为两段竖直线段。五棱柱的顶面为水平面，Q 平面与其交线为正垂线，其水平投影与 34 线段重合，侧面投影与五棱柱顶面的积聚投影重合。由此 Q 平面与五棱柱交线的侧面投影如图 3-10（d）所示。

（3）处理轮廓线 如图 3-10（e）所示。处理轮廓线时，由于五棱柱左侧棱线，在 P 面以上的部分被截切，因此在侧面投影上棱线的这些部分不再画出，右前侧棱线由于在侧面投影上不可见，应画虚线。其他侧棱线以交点为界，擦去切除一侧的棱线，并将所有轮廓线加深为粗实线。

【例 3-3】 补画如图 3-11（a）所示切槽四棱台的俯视图。

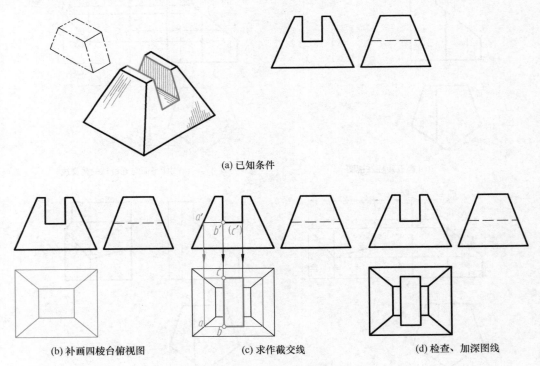

(a) 已知条件

(b) 补画四棱台俯视图   (c) 求作截交线   (d) 检查、加深图线

图 3-11 四棱台截断体的画图步骤

解：如图 3-11（a）所示，该形体为带切口的四棱台，其切口由一个水平面和两个侧平

面切割而成。水平面与四棱台前、后表面（侧垂面）及两个侧平面相交，截断面为矩形。两个侧平面左右对称，与四棱台前、后表面、四棱台顶面及水平面相交，由于四棱台前、后对称，故截断面为等腰梯形。补画俯视图时，应在画出四棱台俯视图的基础上，正确画出各截断面的投影。

作图步骤如下：

① 画出四棱台的俯视图　如图 3-11 （b）所示。

② 求作截交线　由于水平面与四棱台顶面、底面平行，因此其与四棱台各侧面产生的交线也一定与四棱台顶面、底面的边线平行。在正视图上延长水平面的积聚投影，使其与四棱台左前侧棱线得交点 a'，利用直线上点的从属性求出其俯视图上点 a，并根据平行性的投影规律作出矩形。再由正视图画投影连线确定截平面与四棱台侧面交线的水平投影。两个侧平面在俯视图中投影均积聚为直线段，其长度可由水平面交线的端点 b、c 来确定。作图结果如图 3-11 （c）所示。

③ 检查、加深图线　如图 3-11 （d）所示。

3.2.2　平面与曲面立体相交

平面与曲面立体相交，其截交线通常是一条封闭的平面曲线，或由曲线与直线所围成的平面图形，特殊情况下为平面多边形。截交线的形状与曲面体的形状及截断面的截切位置有关。圆柱体的截交线有三种形状，见表 3-1。圆锥体的截交线有五种形状，见表 3-2。球体被切割空间只有一种情况，但投影可能为圆或椭圆，见表 3-3。

熟练掌握各回转体的投影特性，以及截交线的形状，是解决复杂问题的基础。对于表 3-1～表 3-3 中的各种形状的截交线，当截交线的投影为平面多边形或圆时，可使用尺规直接作出其投影；当截交线投影为椭圆、双曲线或抛物线时，则需先求出若干个共有点的投影，然后用曲线将它们依次光滑地连接起来。

表 3-1　圆柱体截交线

截平面位置	截平面平行于轴线	截平面垂直于轴线	截平面倾斜于轴线
截交线形状	截交线为平行于轴线的两条直线	截交线为圆	截交线为椭圆
立体图	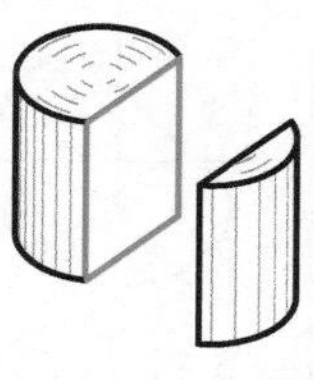	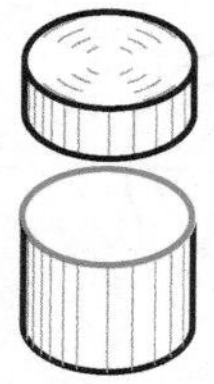	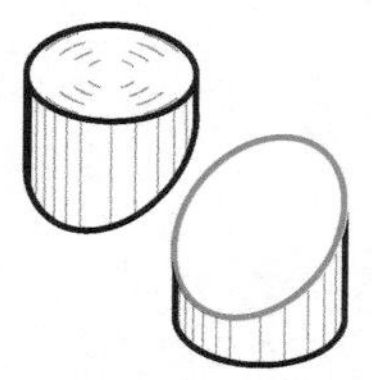
投影图	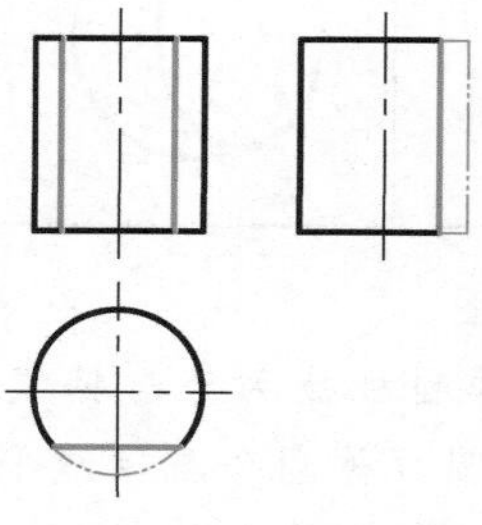	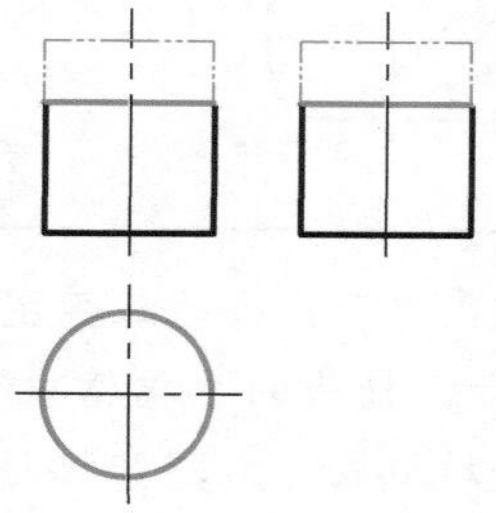	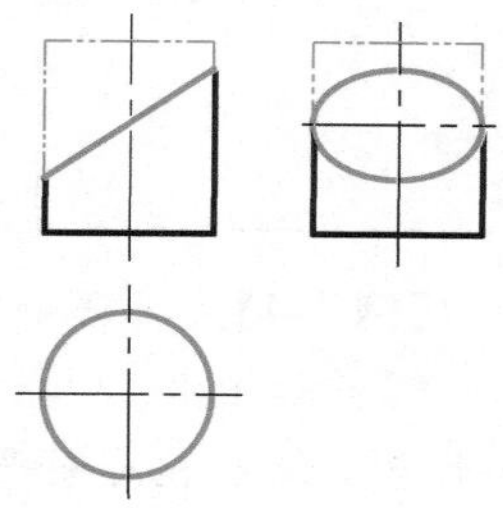

表 3-2　圆锥体截交线

截平面位置	截平面与轴线垂直	截平面与所有素线相交	截平面平行一条素线	截平面与轴线平行	截平面过锥顶
截交线形状	截交线为圆	截交线为椭圆	截交线为抛物线	截交线为双曲线	截交线为过锥顶的两条直线
立体图	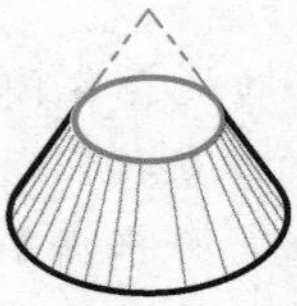	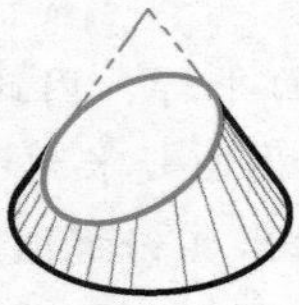	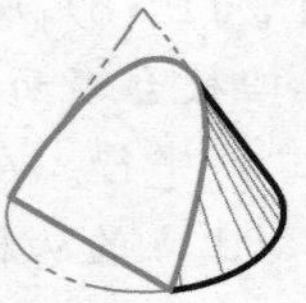	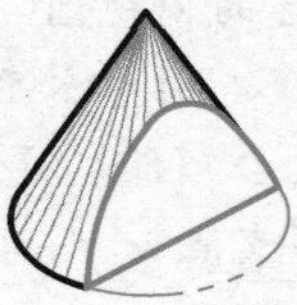	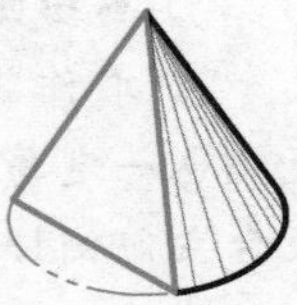
投影图	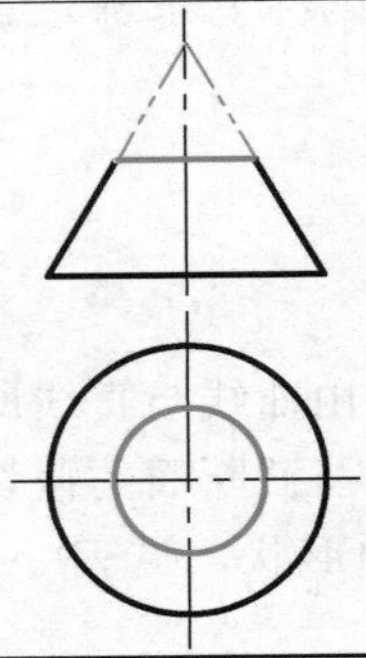	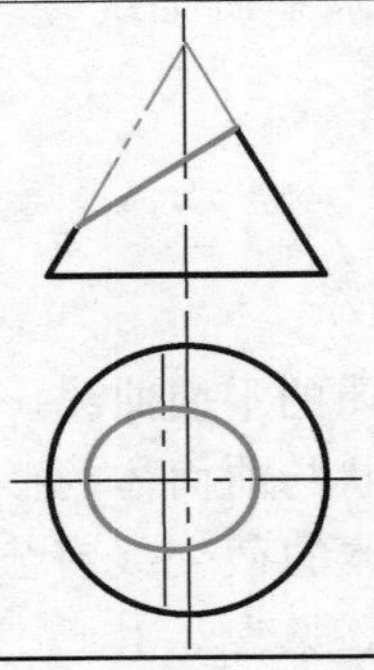	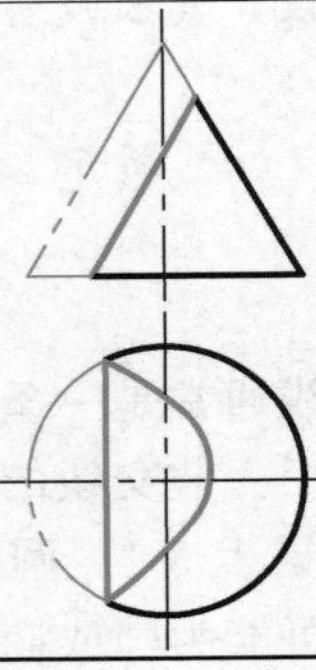	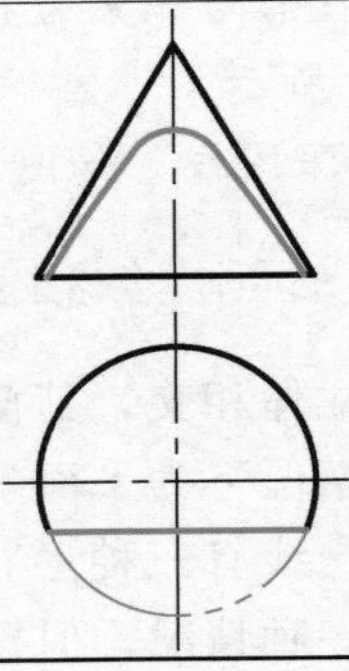	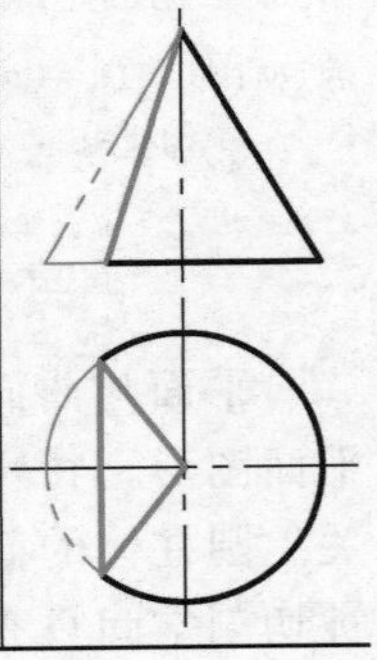

表 3-3　球体截交线

截平面位置	截平面为投影面平行面	截平面为投影面垂直面
截交线	截交线投影分别为圆和直线	截交线投影分别为椭圆和直线
立体图	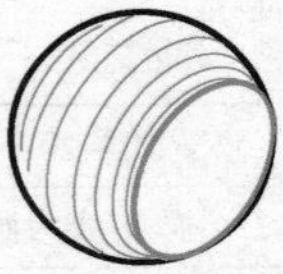	
投影图	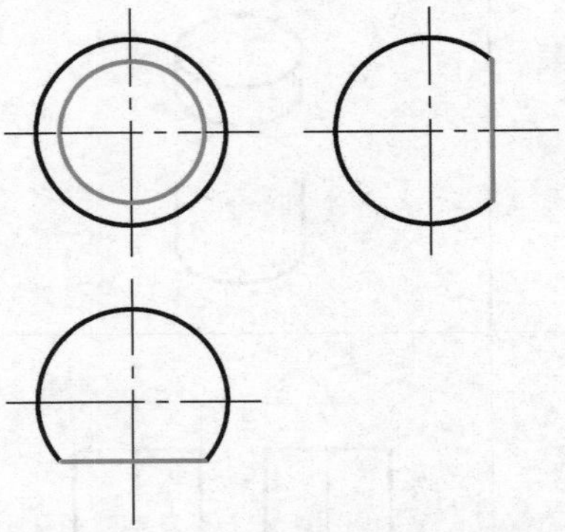	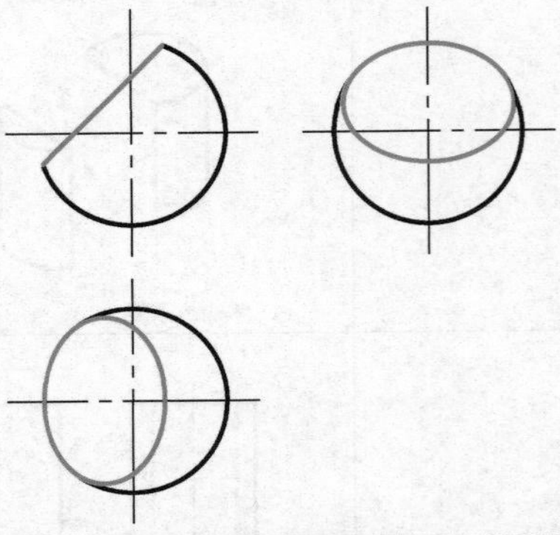

【例 3-4】 补全如图 3-12 所示接头的正视图和俯视图。

解： 如图 3-12（a）所示，接头的左端槽口可以看作圆柱被两个与轴线平行的正平面和一个与轴线垂直的侧平面切割而成；右端凸榫可以看作圆柱被两个与轴线平行的水平面和两个与轴线垂直的侧平面切割而成。由表 3-1 可知各段截交线分别为直线和圆弧。

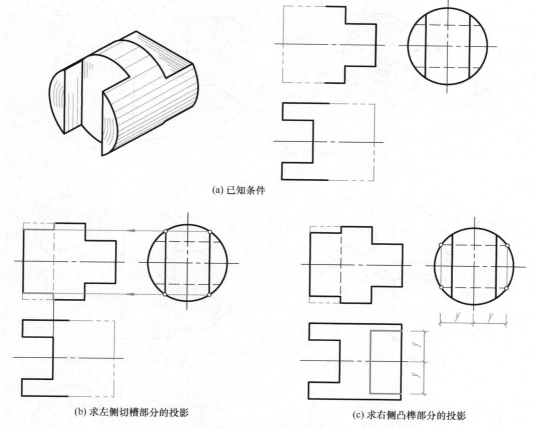

(a) 已知条件

(b) 求左侧切槽部分的投影　　　　　　　　(c) 求右侧凸榫部分的投影

图 3-12　绘制圆柱截断体的画图步骤

作图步骤如下：

（1）补画正视图左侧圆柱切槽部分的投影　左端槽口的两个正平面与圆柱体轴线平行，其截交线是四条侧垂线，其在左视图上积聚成点，位于圆柱面有积聚性的侧面投影上，可由侧面投影求得其正面投影，如图 3-12（b）所示；侧平面在正视图中投影积聚为一直线，其中被正平面遮挡的部分应画成虚线；由俯视图可知，侧平面将圆柱的最上、最下两条素线截去一段，所以在正视图中，其转向轮廓素线的左端应截断。结果如图 3-12（b）所示。

（2）补画俯视图右侧圆柱凸榫部分的投影　切割圆柱右端凸榫的两个水平面与圆柱面的交线，可由其侧面积聚投影量取 y 坐标值，求得其水平投影；侧平面的水平投影积聚为直线段，如图 3-12（c）所示。由于侧平面没有截切到圆柱面的最前、最后两条素线，其在俯视图中的积聚投影与转向轮廓素线之间有一定的距离，故在俯视图中转向轮廓素线是完整的。

【例 3-5】　补全如图 3-13（a）所示顶尖的俯视图。

解：如图 3-13（a）所示，顶尖由圆锥、小圆柱、大圆柱同轴连接，其上切口部分可以看成被水平面和正垂面截切而成。水平面与圆锥的轴线平行，其截交线为双曲线；水平面与大、小圆柱的轴线平行，截交线是四条侧垂线。正垂面只截切到大圆柱的一部分，且与轴线倾斜，截交线为椭圆弧。作图时，应分段画出截交线的投影，并整理所有轮廓线的投影。

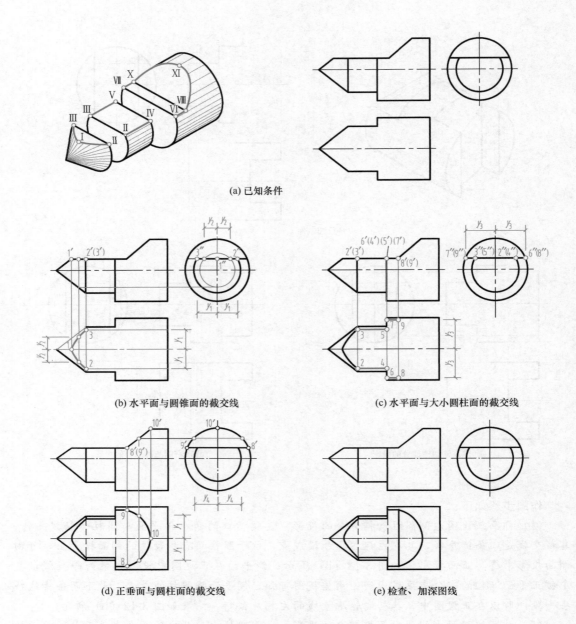

(a) 已知条件

(b) 水平面与圆锥面的截交线

(c) 水平面与大小圆柱面的截交线

(d) 正垂面与圆柱面的截交线

(e) 检查、加深图线

图 3-13　顶尖的画图步骤

作图步骤如下：

① 由水平面切割产生的截交线在正视图和左视图中分别积聚在水平面的积聚投影上，可由正视图和左视图求出其俯视图。

a. 求作圆锥面的交线——双曲线　如图 3-13（b）所示，先求双曲线上的特殊点：顶点Ⅰ和端点Ⅱ、Ⅲ。顶点Ⅰ在圆锥的最上轮廓素线上，端点Ⅱ、Ⅲ是圆锥面与小圆柱面的交点，先在正视图上确定 1′、2′ 和（3′），对应找出其左视图 1″、2″、3″，利用点的投影规律可求出Ⅰ、Ⅱ、Ⅲ各点在俯视图中的投影 1、2、3。再求一般点：与求特殊点一样，先在正视图上确定其位置，利用纬圆法在圆锥面上求出侧面投影和水平投影。用曲线光滑连接各点，即可在俯视图中画出双曲线。

b. 求作水平面与大、小圆柱面的交线——侧垂线　如图 3-13（c）所示，如前面分析，水平面与大、小圆柱面的交线为侧垂线，侧垂线在正视图上 2′4′ 与 3′5′ 重合，6′8′ 与 7′9′ 重合，在左视图上分别积聚为点 2″（4″）、3″（5″）、6″（8″）、7″（9″），可由正视图和左视图作出其俯视图上的投影。

　　② 如图 3-13（a）所示立体图，正垂面与大圆柱面的交线为椭圆弧，正视图在正垂面的积聚投影上，左视图在大圆柱面的积聚投影上，可利用圆柱表面找点的方法求其俯视图中的投影，作图步骤如图 3-13（d）所示。

　　③ 检查、加深轮廓线。检查时，应注意相邻基本体结合处轮廓线的处理。俯视图中，水平面之上部分被切断，处于水平面下方的部分不可见，应画成虚线，其余部分画实线。如图 3-13（e）所示。

3.3　立体与立体相贯

　　两立体相交称为两立体相贯，相贯的两立体为一个整体，称为相贯体。两立体表面的交线称为相贯线，相贯线是两立体表面的共有线，也是两立体的分界线，相贯线上的点是两立体表面的共有点，如图 3-14 所示。

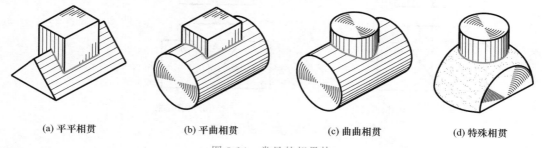

(a) 平平相贯　　　　(b) 平曲相贯　　　　(c) 曲曲相贯　　　　(d) 特殊相贯

图 3-14　常见的相贯体

　　相贯线的形状取决于两立体的形状以及它们之间的相对位置。根据相交两立体的形状不同，相贯有三种组合形式：两平面立体相交 ［图 3-14（a）］、平面立体与曲面立体相交 ［图 3-14（b）］、两曲面立体相交 ［图 3-14（c）］，另外还有特殊相贯的情况 ［图 3-14（d）］。不论何种形式的相交，与截交线类似，相贯线同样具有共有性、封闭性（特殊情况下不封闭）和表面性三个特性。

3.3.1　平面体与平面体相贯

　　平面体的相贯线通常是封闭的空间折线，特殊情况下是不封闭的空间折线或封闭的平面多边形。折线的顶点是一个平面体的棱线或边线与另一平面体表面的交点。因此求相贯线就是求两平面体表面的交线及棱线与表面的交点。

　　求出相贯线后，需判断投影中相贯线的可见性，其基本原则是：在同一投影中只有当两立体的相交表面都可见时，其交线才可见；如果相交表面有一个不可见，则交线在该投影中不可见。

　　【例 3-6】　如图 3-15 所示，求作两三棱柱的相贯线。

　　解：从图 3-15（a）和图 3-15（b）可以看出，两个三棱柱体仅是部分相贯，是互贯，相贯线是一组封闭的空间折线。由于竖向三棱柱的水平投影有积聚性，所以相贯线的 H 面投影必然积聚在该棱柱水平投影的轮廓线上。同样，横向三棱柱的侧面投影有积聚性，相贯

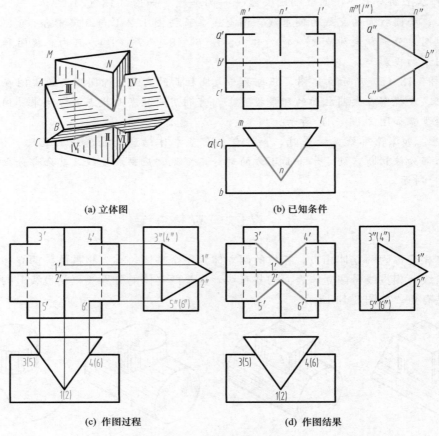

(a) 立体图　　　　　　　(b) 已知条件

(c) 作图过程　　　　　　(d) 作图结果

图 3-15　两三棱柱相贯

线的 W 面投影必然积聚在该棱柱侧面投影的轮廓线上，只需求作相贯线的 V 面投影。

如图 3-15（a）和图 3-15（b）所示，只有竖向三棱柱的棱线 N、横向三棱柱的棱线 A 和棱线 C 三条棱线参与相贯。每条棱线与另一个立体的棱面有两个交点，这六个交点即为所求相贯线的六个折点，求出这些点，顺序连成折线即为相贯线。

作图步骤如下：

（1）求相贯线上的各个折点　如图 3-15（c）所示。首先在 W 面投影上标出各个折点的投影：$1''$、$2''$、$3''$、$4''$、$5''$、$6''$，利用积聚性求得 H 面投影 1（2）、3（5）、4（6），再根据投影规律求出 V 面投影 $1'$、$2'$、$3'$、$4'$、$5'$、$6'$。

（2）依次连接各点并判别可见性　根据"相贯线的连点原则"以及投影可判断出，V 面投影的连点次序为 $1'—3'—5'—2'—6'—4'—1'$。其中 $3'5'$ 和 $6'4'$ 两条交线为竖向三棱柱的左、右两棱面与横向三棱柱的后棱面的交线，故 $3'5'$ 和 $6'4'$ 不可见，用虚线连接，如图 3-15（d）所示。

（3）补全各棱线的投影　相贯体实际上是一个实心的整体，因此，需将参与相贯的每条棱线补画到相贯点。

3.3.2　平面体与曲面体相贯

平面体与曲面体相贯，其相贯线是由若干段平面曲线或平面曲线和直线所组成。各段平面曲线或直线是平面体上各棱面切割曲面体所得的截交线。每一段平面曲线或直线的转折点，就是平面体的侧棱与曲面体表面的交点。作图时，先求出这些转折点，再根据求曲面体截交线的方法，求出每段曲线或直线。

【例 3-7】 如图 3-16 所示，求梁、板、柱节点实例。

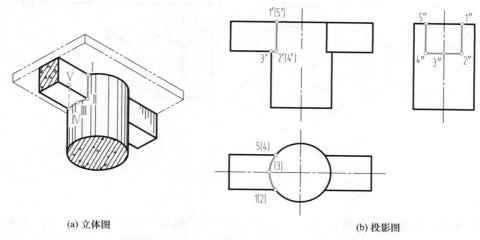

(a) 立体图　　　　　　　　　　　　　　(b) 投影图

图 3-16　矩形梁与圆柱相贯

解： 如图 3-16（a）所示，由于矩形梁的上表面与圆柱的顶面平齐，无交线，梁与圆柱为全贯，故其相贯线有两条，每条均由两段直线段和一段圆弧组成。在投影图中，相贯线的水平投影位于圆柱面的积聚投影上，相贯线的侧面投影位于矩形梁的积聚投影上，相贯线的水平投影和侧面投影均为已知。正面投影中，相贯线的直线部分反映实长，圆弧部分在矩形梁下底面的积聚投影上。

作图步骤如下：

（1）求梁前后侧棱面与圆柱面交线　如图 3-16（b）所示，相贯线的前、后交线 Ⅰ Ⅱ、Ⅳ Ⅴ，可由俯视图中的点 1、(2)、(4)、5 和左视图中的点 1″、2″、4″、5，求出正视图上的 1′、2′、(4′)、(5′)，两两连线，即得四棱柱的前、后表面与圆柱面的交线。由于该形体为对称形体，所以 1′、2′ 与 (5′)、(4′) 重合。

（2）求梁底面与圆柱面交线　梁底面与圆柱面的交线为一段圆弧 Ⅱ Ⅲ Ⅳ，正视图为一段横向线段，由俯视图中的点 (2)、(3)、(4) 和左视图中的点 2″、3″、4″ 求得对应正视图中的 2′、3′、(4′)，将点 2′ 与 3′ 连线，点 3′ 与 (4′) 连线，即为梁底面与圆柱的交线。两段交线重合，虚线省略不画，如图 3-16（b）所示。

【例 3-8】 如图 3-17（a）所示，求四棱锥与圆柱相贯线的正面投影和侧面投影。

解： 由图 3-17（a）可知，四棱锥的四个棱面与圆柱均相交，且与圆柱轴线倾斜，故相贯线为四段椭圆弧的组成的空间封闭线，四段椭圆弧之间的连接点是四条棱线与圆柱面的交点。由于圆柱面的水平投影有积聚性，所以相贯线的 H 面投影已知，只需求正面投影和侧面投影。因参与相贯的四棱锥和圆柱前后、左右都对称，故其相贯线也是前后、左右都对称的。

作图步骤如下：

（1）求特殊点　最高点也是转折点。如图 3-17（b）所示。由四棱锥四条棱线与圆柱面交点的水平投影 1、2、3、4，直接求出其 V 面投影 1′、2′、(3′)、(4′) 和侧面投影 1″、

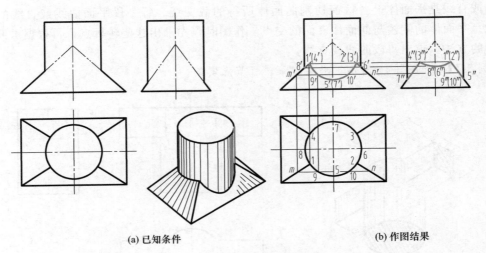

(a) 已知条件   (b) 作图结果

图 3-17   四棱锥与圆柱相贯

($2''$)、($3''$)、$4''$。

每段椭圆弧的最低点是圆柱前、后、左、右轮廓素线与四棱锥棱面的交点,其水平投影分别为5、6、7、8。正面投影图中$6'$、$8'$为圆柱轮廓素线与四棱锥棱面积聚投影的交点,由$6'$、$8'$和6、8可求得其侧面投影($6''$)、$8''$。在侧面投影图中$5''$、$7''$为圆柱轮廓素线与四棱锥棱面积聚投影的交点,由$5''$、$7''$和5、7可求得其正面投影$5'$、($7'$)。

(2)求一般点   在水平投影适当取一般点9,通过9作平行于底边的辅助线mn,求出$m'n'$,并在其上求得$9'$,$10'$与$9'$左右对称。

(3)判别可见性并连线   由于相贯体前后对称,相贯线也应前后对称,即正面投影图中$1'$、$9'$、$5'$、$10'$、$2'$段与($4'$)、($7'$)、($3'$)段重合。$1'$、$8'$、($4'$)段与$2'$、$6'$、($3'$)段重合在四棱锥棱面的积聚投影上。相贯线的侧面投影与正面投影相似,作图结果如图3-17(b)所示。

(4)整理轮廓线,完成相贯体的投影。

3.3.3   曲面体与曲面体相贯

两曲面立体相交,其相贯线一般情况下是一条封闭的空间曲线,特殊情况下可能是直线或平面曲线。相贯线是两曲面立体表面的共有线,相贯线上的点是两曲面立体表面的共有点,因此,求两曲面立体的相贯线一般先作出一系列的共有点,然后依次光滑地连成曲线。

【例3-9】求如图3-18所示圆柱与圆柱相交时相贯线的投影。

解: 如图3-18(a)所示,两直径不等圆柱相交,且两个圆柱轴线垂直,相贯线为一条前后、左右都对称的封闭的空间曲线。相贯线在俯视图中与小圆柱面的积聚投影重合,积聚在圆形线框上。左视图中,相贯线与大圆柱面的侧面积聚投影重合,积聚在一段圆弧上。由于相贯线在俯视图和左视图中均为已知,因此,只需求作其正视图上的投影。

作图步骤如下:

(1)求特殊点   在俯视图中标注相贯线的最左点、最前点、最右点、最后点的投影1、2、3、4,分别位于小圆柱面的最左、最前、最右和最后轮廓素线上。左视图中,小圆柱面的四条转向轮廓素线与大圆柱积聚投影的交点为$1''$、$2''$、($3''$)、$4''$。由此可知,点Ⅰ、Ⅲ和点Ⅱ、Ⅳ分别是相贯线上的最高点和最低点。根据点的投影规律,求出正视图上的$1'$、$2'$、

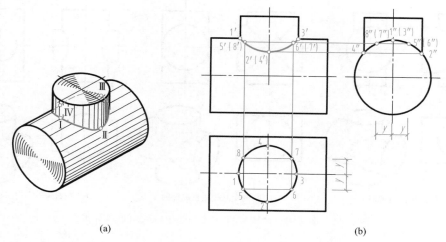

(a)   (b)

图 3-18   两圆柱体相贯

$3'$、$(4')$，如图 3-18（b）所示。

（2）求一般点　先在相贯线的俯视图上确定点 5，利用 y 坐标值相等的投影关系，求出左视图中 $5''$，再由 5、$5''$求得 $5'$。由于相贯线左右对称、前后对称，故可以同时求得 $5'$、$6'$、$(7')$、$(8')$。

（3）连线并判别可见性　在正视图上将相贯线上各点按照俯视图中的各点的排列顺序依次连接，即 $1'$—$5'$—$2'$—$6'$—$3'$—$(7')$—$(4')$—$(8')$—$1'$。由于相贯线前后对称，正视图上投影重合，连成粗实线，如图 3-18（b）所示。

两圆柱轴线垂直相交是工程形体上常见的相贯体，求作相贯线时应注意以下几个方面：

① 当两圆柱直径不相等时，其相贯线的投影总是向小圆柱轴线方向弯曲，在不致引起误解的情况下，可采用简化画法作图，即用圆弧代替相贯线。相贯线的近似画法见图 3-19：以两轮廓线交点为圆心，以 R 为半径画弧交小圆柱轴线于 O，再以 O 为圆心，R 为半径画弧即为所求。

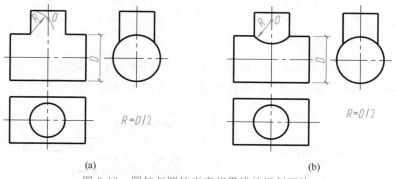

(a)   (b)

图 3-19   圆柱与圆柱正交相贯线的近似画法

② 对于两圆柱轴线垂直相交，相贯线的形状取决于它们直径大小的相对比。图 3-20 表示相交两圆柱的直径发生变化时，相贯线的形状和位置的分析。当两个圆柱体直径不相同时，相贯线是相对大圆柱面轴线对称的两条空间曲线，如图 3-20（a）和图 3-20（c）所示；当两圆柱体直径相等时，其相贯线是两条平面曲线——垂直于两相交轴线所确定平面的椭圆，如图 3-20（b）所示。

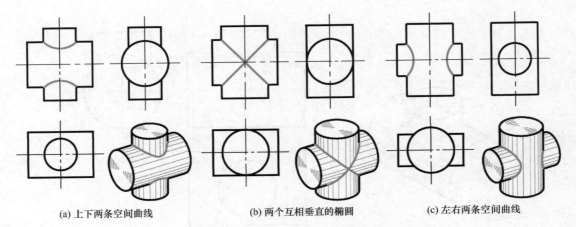

(a) 上下两条空间曲线　　　　(b) 两个互相垂直的椭圆　　　　(c) 左右两条空间曲线

图 3-20　垂直相交两圆柱直径相对变化时的相贯线分析

③ 圆柱与圆柱相贯主要有三种形式。图 3-21（a）为两圆柱外表面相交；图 3-21（b）为圆柱外表面与圆柱内表面相交；图 3-21（c）为两圆柱内表面相交。它们虽然有内、外表面之分，但由于两圆柱面的大小和相对位置不变化，因此它们交线的形状是完全相同的。

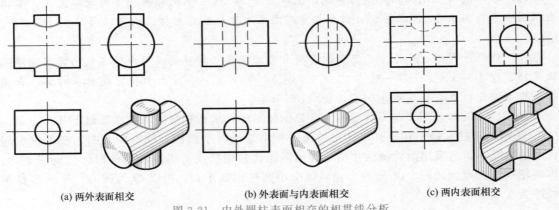

(a) 两外表面相交　　　　(b) 外表面与内表面相交　　　　(c) 两内表面相交

图 3-21　内外圆柱表面相交的相贯线分析

3.3.4　相贯线的特殊情况

一般情况下，两回转体的相贯线是空间曲线；特殊情况下，相贯线可能是平面曲线或直线段。相贯线的形状可根据两相交回转体的性质、大小和相对位置进行判断。常见的特殊相贯线见表 3-4。

表 3-4　相贯线的特殊情况

	圆柱与圆锥同轴相贯	圆柱与圆球同轴相贯
相贯线为圆		

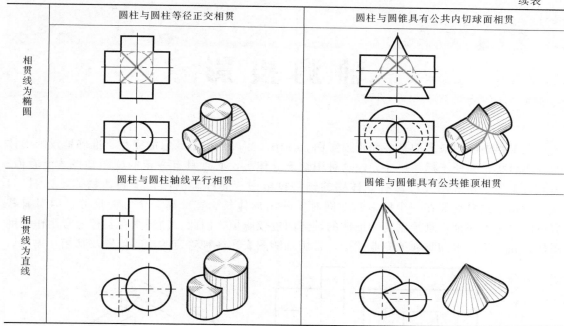

	圆柱与圆柱等径正交相贯	圆柱与圆锥具有公共内切球面相贯
相贯线为椭圆		
相贯线为直线	圆柱与圆柱轴线平行相贯	圆锥与圆锥具有公共锥顶相贯

复习思考题

1. 平面立体与曲面立体的区别是什么？其投影特点各是什么？如何判断可见性？

2. 棱柱与棱锥的投影图各有什么特点？

3. 常见回转体有哪些？它们的投影图各有什么特点？

4. 什么是素线？什么是转向轮廓素线？

5. 在形体表面上求点的作图依据是什么？作图的方法是什么？

6. 圆锥面上求点的方法有哪两种？

7. 在圆球面上能画出直线吗？为什么？

8. 什么是截交线？它具有哪些性质？

9. 求截交线的常用方法有哪些？

10. 截平面与圆柱、圆锥、球的轴线处于不同位置，截交线的形状是什么样的？

11. 什么是相贯线？试述相贯线的性质。

12. 简述求作相贯线的方法和步骤。

13. 求相贯线为什么必须求特殊点？

14. 截交线、相贯线上的特殊点有哪些？

15. 特殊的相贯线有哪些？用图示说明。

第4章
轴 测 投 影

在工程中应用最多的是多面正投影图，如图 4-1（a）所示，它能完整、准确地反映形体的真实形状，又便于标注尺寸。但这种图缺乏立体感，必须具有一定的读图知识才能看懂。为此，工程上还采用一种富有立体感的轴测投影图（简称轴测图）来表达物体，如图 4-1（b）所示。这种图能在一个投影面上同时反映出形体长、宽、高三个方向尺寸，但对有些形体的表达不完全，且绘制复杂形体的轴测图也较麻烦，因此，轴测图在工程上常用作辅助图样，如在给排水和暖通等专业图中，常用轴测图表达各种管道的空间位置及其相互关系。

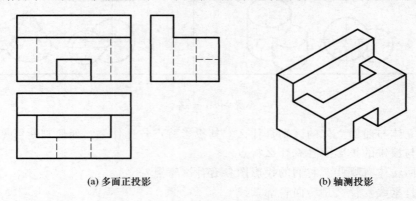

(a) 多面正投影   (b) 轴测投影

图 4-1　多面正投影图与轴测投影图

4.1　轴测投影的基本知识

4.1.1　轴测投影的形成

轴测投影是将物体连同其空间直角坐标系，沿不平行于任一坐标面的方向，用平行投影法将其投射在单一投影面 P 上所得的图形，如图 4-2 所示。

4.1.2　轴测轴、轴间角和轴向伸缩系数

（1）轴测轴　空间直角坐标系的坐标轴 OX、OY、OZ 在轴测投影面 P 上的投影 O_1X_1、O_1Y_1、O_1Z_1 称为轴测轴。

（2）轴间角　两轴测轴之间的夹角称为轴间角，即 $\angle X_1O_1Y_1$、$\angle X_1O_1Z_1$ 和 $\angle Y_1O_1Z_1$。

（3）轴向伸缩系数　轴测轴上的单位长度与相应空间直角坐标轴上的单位长度之比称为轴向伸缩系数。如图 4-2 所示，X_1、Y_1、Z_1 轴的轴向伸缩系数分别用 p、q、r 表示，其中 $p = O_1A_1/OA$、$q = O_1B_1/OB$、$r = O_1C_1/OC$。

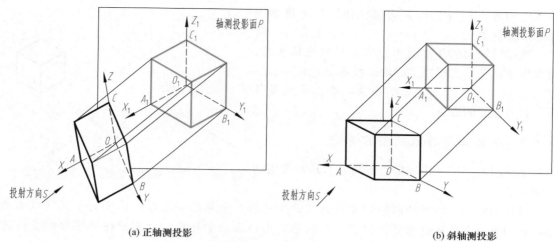

(a) 正轴测投影   (b) 斜轴测投影

图 4-2 　轴测图的形成

4.1.3　轴测投影的基本特性

由于轴测投影是用平行投影法得到的，所以具有以下平行投影的特性。

（1）平行性　物体上相互平行的两条直线的轴测投影仍相互平行。

（2）定比性　物体上相互平行的两条直线的轴测投影的伸缩系数相等。

（3）实形性　物体上平行于轴测投影面的平面，在轴测投影中反映实形。

由以上特性可知，在轴测投影中，与坐标轴平行的直线的轴测投影必平行于轴测轴，其轴测投影长度等于该直线实长与相应轴向伸缩系数的乘积。若轴向伸缩系数已知，就可以计算该直线的轴测投影长度，并根据此长度直接测量，作出其轴测投影。"沿轴测轴方向可直接量测作图"就是"轴测图"的含义。与坐标轴不平行的直线具有与之不同的伸缩系数，不能直接测量与绘制，可作出两端点轴测投影后连线绘出。

4.1.4　轴测图的分类

（1）根据投射方向与轴测投影面是否垂直，轴测图分为以下两种。

① 正轴测图　投射方向 S 垂直于轴测投影面 P 所得的轴测图称为正轴测图，物体所在的三个基本坐标面都倾斜于轴测投影面，如图 4-2（a）所示；

② 斜轴测图　投射方向 S 倾斜于轴测投影面 P 所得的轴测图称为斜轴测图，一般在投影时可以将某一基本坐标面平行于轴测投影面，如图 4-2（b）所示。

（2）根据轴向伸缩系数的不同，以上两类轴测图可分为以下三种。

① 三个轴向伸缩系数相等，即 $p＝q＝r$ 时，称为正（或斜）等轴测图；

② 三个轴向伸缩系数中有两个相等，常见的为 $p＝q \neq r$，称为正（或斜）二轴测图；

③ 三个轴向伸缩系数都不相等，即 $p \neq q \neq r$ 时，称为正（或斜）三轴测图。

在工程应用中，常用的轴测图有正等轴测图、斜二轴测图。

4.2　正等轴测图

4.2.1　正等轴测图的轴间角和轴向伸缩系数

由正等轴测图的概念可知，正等轴测图的三个轴间角相等，均为 120°，三个轴向伸缩系数也相等，均为 0.82，为简化作图，常将轴向伸缩系数取值为 1，即 $p=q=r=1$，如图 4-3 所示。这样沿轴向的尺寸就可以直接量取物体实长，所画出的正等轴测图比实际轴测投影沿各轴向分别放大了 $1/0.82 \approx 1.22$ 倍，但不影响物体形状及各部分相对位置的表达。

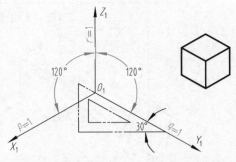

图 4-3　正等轴测图的轴间角和轴向伸缩系数

4.2.2 平面体正等轴测图的画法

轴测图的作图方法较多，下面介绍几种常用的作图方法。

(1) 坐标法　绘制轴测图的基本方法是坐标法。坐标法是根据形体表面上各顶点的坐标，分别画出这些顶点的轴测投影，然后连成形体表面的轮廓，从而获得形体轴测投影的方法。

【例 4-1】　画出如图 4-4 (a) 所示三棱锥的正等轴测图。

解：用坐标法确定三棱锥底面及锥顶各点坐标，连线即可。

作图步骤如下：

① 在投影图中确定直角坐标系，如图 4-4 (a) 所示。

② 画轴测轴，根据各点的坐标作出各点的轴测投影，如图 4-4 (b) 所示。

③ 连接轮廓线，整理完成三棱锥的正等轴测图，如图 4-4 (c) 所示。

国家标准规定，轴测图的可见轮廓线用粗实线绘制，不可见部分一般不绘出，必要时才以虚线绘出所需部分。以增强轴测图的表达效果，如图 4-4 (c) 所示。

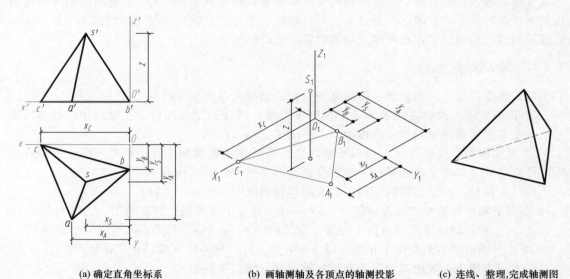

(a) 确定直角坐标系	(b) 画轴测轴及各顶点的轴测投影	(c) 连线、整理,完成轴测图

图 4-4　坐标法作正等轴测图

(2) 端面法　对于柱类形体，通常先画出该形体某一特征端面的轴测图，然后沿某方向将此端面平移一段距离，从而获得形体轴测投影的方法。

【例 4-2】　画出如图 4-5 (a) 所示台阶的正等轴测图。

解：台阶由左、右两个栏板和三个踏步组成，先画栏板和踏步的端面。

作图步骤如下：

① 在投影图中确定直角坐标系，如图4-5（a）所示。

② 画轴测轴，画出左、右栏板的轴测投影，如图4-5（b）所示。

③ 在右侧栏板的内端面上画出踏步在此端面上的轴测投影，如图4-5（c）所示。

④ 由踏步右端面的各顶点分别画平行 O_1X_1 轴的轮廓线至左栏板。

⑤ 整理完成全图，如图4-5（d）所示。

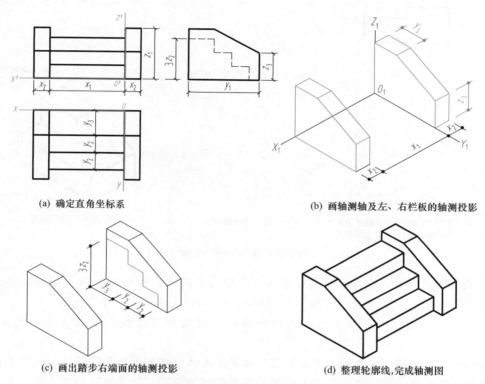

(a) 确定直角坐标系

(b) 画轴测轴及左、右栏板的轴测投影

(c) 画出踏步右端面的轴测投影

(d) 整理轮廓线，完成轴测图

图 4-5 端面法作正等轴测图

（3）叠加法　叠加法是指对于复杂形体，可将其分为几个部分，分别画出各个部分的轴测投影，从而得到整个形体的轴测投影的方法。画图时应特别注意各部分相对位置的确定及其表面连接关系。

【例 4-3】 如图4-6（a）所示，已知形体的两面视图，画其正等轴测图。

解： 从图4-6（a）的两视图中可以看出，这是由两个四棱柱和一个三棱柱叠加而形成的形体，对于这类形体，适合用叠加法求作。

作图步骤如下：

① 根据图4-6（a）视图中给出的尺寸，首先画出下方四棱柱的底面的轴测投影，如图4-6（b）所示。

② 通过下方四棱柱底面各个顶点画出其高度线，并画出下方四棱柱顶面的轴测投影，结果如图4-6（c）所示。

③ 同样方法，在下方四棱柱的顶面上确定上方四棱柱的位置，并在图4-6（a）中量取上方四棱柱的高度尺寸，画出上方四棱柱的轴测投影，擦除各不可见的轮廓线，结果如图4-6（d）所示。

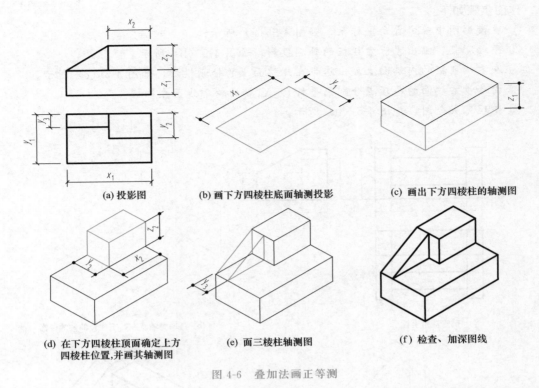

(a) 投影图　　　(b) 画下方四棱柱底面轴测投影　　　(c) 画出下方四棱柱的轴测图

(d) 在下方四棱柱顶面确定上方　　(e) 面三棱柱轴测图　　(f) 检查、加深图线
四棱柱位置,并画其轴测图

图 4-6　叠加法画正等测

④ 由于三棱柱的高度和长度尺寸在轴测图中均已确定,故只需在图 4-6 (a) 中量取三棱柱的宽度尺寸 y_3,即可画出三棱柱的轴测投影,如图 4-6 (e) 所示。

⑤ 底稿完成后,经校核无误,清理图面,按规定加深图线,作图结果如图 4-6 (f) 所示。

(4) 切割法　切割法是指对于绘制某些由基本形体经切割而得到的形体,可以先画出基本形体的轴测投影,然后依次切去对应部分,从而得到所需形体轴测投影的方法。

【例 4-4】　画出如图 4-7 (a) 所示形体的正等轴测图。

解:如图 4-7 (a) 所示的三视图中,添加双点画线后的外轮廓所表示的形体是一个四棱柱,在四棱柱的左上方被一个正垂面和一个水平面切掉一个梯形四棱柱,之后再用两个前后对称的正平面和一个侧平面在其下方切掉一个四棱柱形成矩形槽。本题适合用切割法求作。

作图步骤如下:

① 首先分别沿 X、Y、Z 轴测轴方向量取 x_1、y_1、z_1 尺寸,画出切割前四棱柱的轴测投影,如图 4-7 (b) 所示。

② 从图 4-7 (a) 中量取尺寸,用正垂面、水平面切割四棱柱,画出切去梯形四棱柱后形成的 L 形柱体,如图 4-7 (c) 所示。

③ 从图 4-7 (a) 中量取尺寸画出矩形槽的轴测投影,如图 4-7 (d) 所示。

④ 校核已画出的轴测图,擦去作图线和不可见轮廓线,清理图面,按规定加深图线,作图结果如图 4-7 (e) 所示。

4.2.3　曲面体正等轴测图的画法

作曲面体的正等轴测图,关键在于画出形体表面上圆的轴测投影。

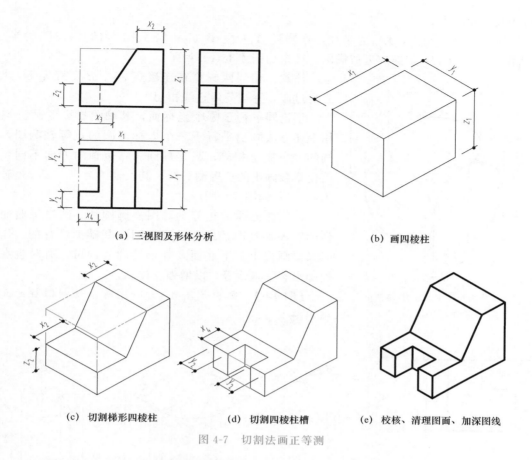

(a) 三视图及形体分析   (b) 画四棱柱

(c) 切割梯形四棱柱   (d) 切割四棱柱槽   (e) 校核、清理图面、加深图线

图 4-7 切割法画正等测

（1）平行于坐标面圆的正等轴测图　平行于三个坐标面圆的正等轴测投影都是椭圆，其作图均可采用近似画法——四心法，即用四段圆弧连成扁圆代替椭圆。现以如图 4-8（a）所示平行于 H 面的圆为例，说明作图方法。

作图步骤如下：

① 在投影图上确定原点和坐标轴，并作圆的外切正方形，切点为 a、b、c、d，如图 4-8（a）所示。

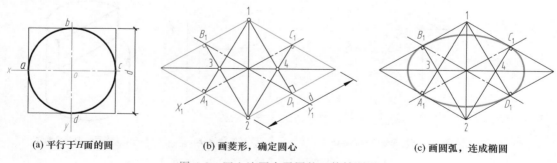

(a) 平行于H面的圆   (b) 画菱形，确定圆心   (c) 画圆弧，连成椭圆

图 4-8 四心法画水平圆的正等轴测图

② 画轴测轴 OX_1、OY_1，沿轴测轴方向截取半径长度，作出切点 a、b、c、d 的轴测投影 A_1、B_1、C_1、D_1，然后画出外切菱形；过 A_1、B_1、C_1、D_1 作各边的垂线，得圆心 1、2、3、4，如图 4-8（b）所示。其中圆心 1、2 恰好是菱形短对角线的两个端点，圆心 3、

4 位于长对角线上。

③ 以 1、2 为圆心，$1A_1$ 为半径，作圆弧 A_1D_1、B_1C_1；以 3、4 为圆心，$3B_1$ 为半径，作圆弧 A_1B_1、C_1D_1，连成近似椭圆，结果如图 4-8 (c) 所示。

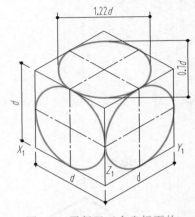

图 4-9 平行于三个坐标面的
圆正等轴测图

注意：相邻两圆弧在连接点 A_1、B_1、C_1、D_1 处应光滑过渡，并与菱形边线相切。

不论圆平行于哪个坐标面，其轴测投影的画法均可用上述方法画出平行于三个坐标面圆的正等轴测图，椭圆的大小完全相等，只是椭圆长、短轴的方向不同，用简化系数画出的正等测椭圆，其长轴约为 $1.22d$，短轴约为 $0.7d$，如图 4-9 所示。

（2）曲面体的正等轴测图　画圆柱、圆锥等曲面立体的正等轴测图，是在轴测椭圆的基础上进行的。作图时只要画出上、下底面及外形轮廓线即可，有时也在表面画出若干素线等，以增强立体感。

【例 4-5】　画出如图 4-10 (a) 所示切割圆柱的正等轴测图。

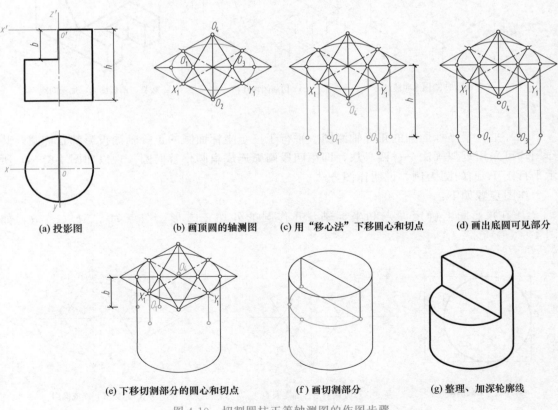

(a) 投影图　　(b) 画顶圆的轴测图　　(c) 用"移心法"下移圆心和切点　　(d) 画出底圆可见部分

(e) 下移切割部分的圆心和切点　　(f) 画切割部分　　(g) 整理、加深轮廓线

图 4-10　切割圆柱正等轴测图的作图步骤

解：从图 4-10 (a) 可以看出，这是一个左上方被截切的直立圆柱，取顶圆的圆心为原点，先画出完整圆柱体的投影，再进行切割，从而完成该形体正等轴测图的绘制。采用端面法，注意公切线的画法。

作图步骤如下：

① 在投影图中确定如图 4-10（a）所示的直角坐标系。

② 画轴测轴，利用四心法画出顶圆的轴测图，如图 4-10（b）所示。

③ 将连接圆的圆心 O_1、O_3、O_4 以及连接点、切点沿 Z_1 轴方向向下移动 h，作出底圆可见部分的轴测图（也称移心法），如图 4-10（c）、（d）所示。

④ 根据坐标确定被截切部分的位置，再用移心法确定出被截切部分的圆心和切点，画出切割部分的轴测图，如图 4-10（e）和图 4-10（f）所示。

⑤ 整理、加深轮廓线，完成全图，如图 4-10（g）所示。

（3）圆角的正等轴测图　由图 4-8 所示四心法近似画椭圆可以看出：菱形的钝角与大圆弧相对，锐角与小圆弧相对，菱形相邻两边中垂线的交点就是该圆弧的圆心。由此可得出圆角正等轴测图的近似画法：只要在作圆角的边上量取圆角半径，自量得的点作边线的垂线，两垂线的交点即为圆心，圆心到垂足的距离即为半径画圆弧，即得圆角的正等轴测图，作图过程见图 4-11（b）。底面圆角可用移心法作出，结果如图 4-11（c）所示。

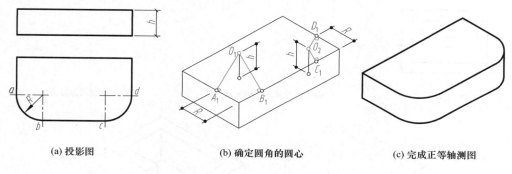

(a) 投影图　　　　　(b) 确定圆角的圆心　　　　　(c) 完成正等轴测图

图 4-11　圆角的正等轴测图画法

4.2.4　轴测图的剖切画法

在轴测图中，为了清楚表达物体内部结构形状，可假想用平行于坐标面的剖切平面将物体切去 $1/4$ 或 $1/2$（视表达效果而定），画成剖切轴测图，如图 4-12（a）、（b）所示。带剖切的轴测图其断面轮廓范围内应画上表示其材料的图例线，图例线应按断面所在坐标面的轴测方向绘制，如果材料图例为 45°斜线时，则正等轴测图剖切剖面线应按图 4-12（c）规定画法绘制。

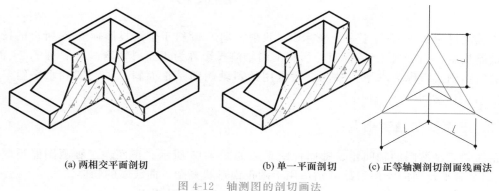

(a) 两相交平面剖切　　　　　(b) 单一平面剖切　　　　　(c) 正等轴测剖切剖面线画法

图 4-12　轴测图的剖切画法

【例 4-6】 画出如图 4-13（a）所示组合体的剖切轴测图。

解： 剖切轴测图通常采用先画外形，后画剖面和内形的作图方法来绘制。

作图步骤如下：

① 画出物体的外形轮廓及其与剖切平面的位置，如图 4-13（b）所示。

② 去掉剖切后移走的部分，画物体内部结构及其与剖切面的交线。这里先画顶部方槽，如图 4-13（c）所示，再画槽底圆柱形孔，如图 4-13（d）所示。

③ 擦去作图线，加深图线并画上材料图例，结果如图 4-13（e）所示。

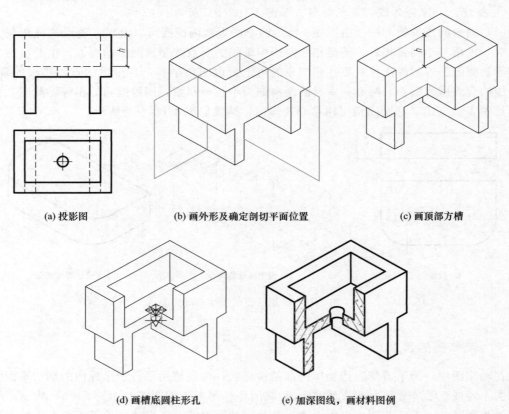

(a) 投影图　　　　　(b) 画外形及确定剖切平面位置　　　　　(c) 画顶部方槽

(d) 画槽底圆柱形孔　　　　　(e) 加深图线，画材料图例

图 4-13　剖切轴测图的画法

4.3　斜轴测投影

当轴测投影面 P 平行于一个坐标面，投射方向 S 倾斜于轴测投影面 P 时所得的投影称为斜轴测投影。当 P 平行 V 面时，所得的斜轴测投影称为正面斜轴测；当 P 平行 H 面时，所得的斜轴测投影称为水平斜轴测。最常用的斜轴测图是正面斜二轴测图和水平斜等轴测图，如图 4-14 所示。

4.3.1　正面斜二轴测图

正面斜二轴测图的轴间角、轴向伸缩系数如图 4-15 所示。正面斜二轴测图能反映物体 XOZ 面及其平行面的实形，故特别适用于画正面形状复杂，曲线多的物体。

【例 4-7】 画出如图 4-16（a）所示挡土墙的正面斜二轴测图。

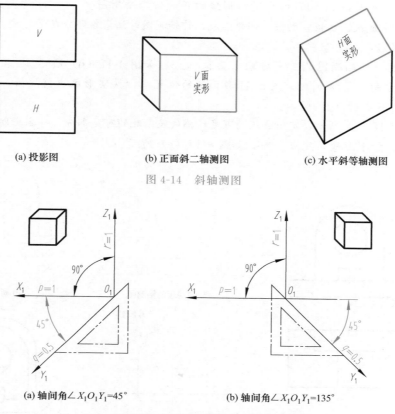

(a) 投影图   (b) 正面斜二轴测图   (c) 水平斜等轴测图

图 4-14　斜轴测图

(a) 轴间角∠$X_1O_1Y_1$=45°　　　　　　　(b) 轴间角∠$X_1O_1Y_1$=135°

图 4-15　正面斜二轴测图的轴间角和轴向伸缩系数

解：根据挡土墙的形状特点，选定轴间角∠$X_1O_1Y_1$＝45°，这样三角形的扶壁将不被竖墙遮挡而表示清楚。

作图步骤如下：

① 确定轴测轴，直接按投影图中的实际尺寸画出底板和竖墙的正面斜二轴测图，如图 4-16（b）所示，注意 Y 方向上量取 $y_2/2$。

② 根据扶壁到竖墙端面的距离，画出扶壁的三角形端面的实形，如图 4-16（c）所示。

③ 完成扶壁，擦去多余图线，整理完成全图，如图 4-16（d）所示。

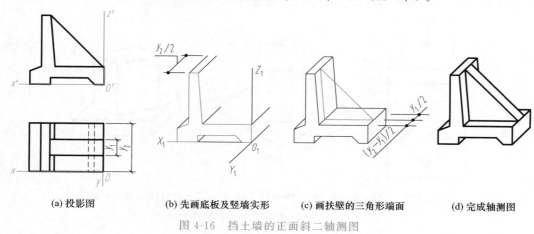

(a) 投影图　　　　(b) 先画底板及竖墙实形　　　　(c) 画扶壁的三角形端面　　　　(d) 完成轴测图

图 4-16　挡土墙的正面斜二轴测图

【例 4-8】 画出如图 4-17（a）所示形体的正面斜二轴测图。

解：形体由底板、立板、肋板三部分组成，作轴测图时注意各部分在 Y 方向的相对位置。

作图步骤如下：

① 作出底板的轴测图，在 Y 方向上量取 $y_2/2$，如图 4-17（b）所示。

② 在 Y 方向上量取 $y_1/2$，定出 U 形立板的位置线，按实形画出前端面，再画出其后端面的实形，如图 4-17（c）所示。

③ 如图 4-17（d）所示，定出立板的可见轮廓线及圆孔的可见部分，并画出肋板的轴测图。

④ 整理、加深图线，完成全图，如图 4-17（e）所示。

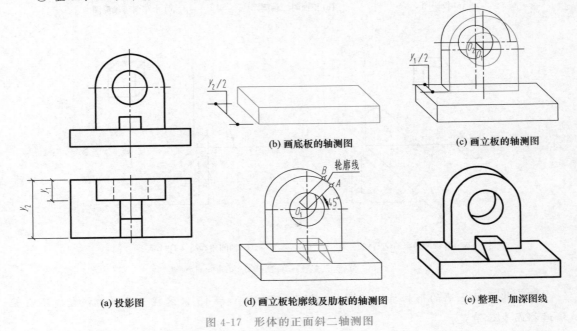

(b) 画底板的轴测图   (c) 画立板的轴测图

(a) 投影图   (d) 画立板轮廓线及肋板的轴测图   (e) 整理、加深图线

图 4-17　形体的正面斜二轴测图

4.3.2　轴测图的选择

绘制物体轴测投影，应使所画图形能反映出物体的主要形状，富有立体感，而影响轴测图效果的因素主要是轴测投影类型和投射方向两个方面。

图 4-18 为不同轴测图类型对立体感效果的影响。

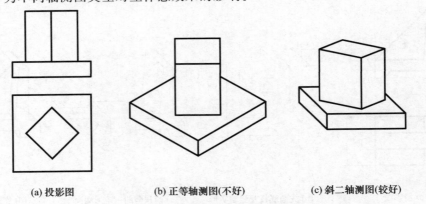

(a) 投影图   (b) 正等轴测图(不好)   (c) 斜二轴测图(较好)

图 4-18　轴测图类型影响立体感的效果

图 4-19 为不同投射方向对轴测图效果的影响。

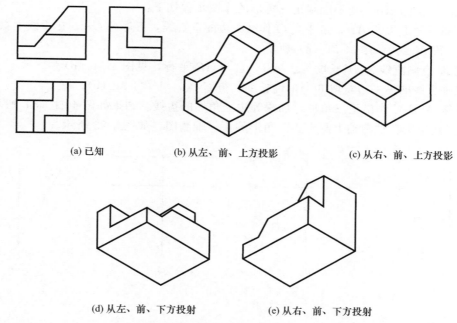

(a) 已知   (b) 从左、前、上方投影   (c) 从右、前、上方投影

(d) 从左、前、下方投射   (e) 从右、前、下方投射

图 4-19 投影方向影响轴测图效果

4.4 轴测草图的画法

徒手绘制的轴测图就是轴测草图, 在设计工作中草拟设计意图或在学习中作为读图的辅助手段。徒手绘制草图其原理和过程与尺规作图一样, 所不同的是不受条件限制, 更具灵活快捷的特点, 有很大的实用价值。随着计算机技术的普及, 徒手画图的应用将更加凸显。

4.4.1 绘制轴测草图的方法

4.4.1.1 轴测轴草图画法

正等测图的轴测轴 O_1X_1、O_1Y_1 与水平线成30°角, 可利用直角三角形两条直角边的长度比定出两端点, 连成直线, 见图4-20 (a)。斜二轴测图的 O_1Y_1 轴测轴与水平线成45°, 两直角边长度相等, 画法如图4-20 (b) 所示。通过将1/4圆弧二等分或三等分也可以画出30°和45°斜线, 如图4-20 (c) 所示。

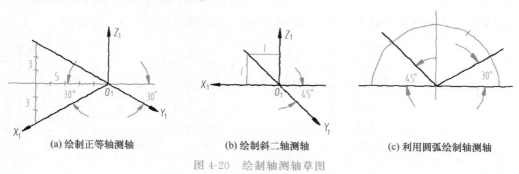

(a) 绘制正等轴测轴   (b) 绘制斜二轴测轴   (c) 利用圆弧绘制轴测轴

图 4-20 绘制轴测轴草图

4.4.1.2 平面图形草图画法

（1）正三角形画法　徒手绘制正三角形的作图步骤如下：

① 已知三角形边长 AB，过中点 O 作 AB 边的垂直线，五等分 OA，在垂线上截取 3 个单位长度，得 N 点，如图 4-21（a）所示。

② 过 N 点画直线 A_1B_1 长度等于 AB，且与 AB 平行，见图 4-21（b）。

③ 在垂直线的另一边量取 6 个单位长度，得 C 点，见图 4-21（c）。

④ 连接 A_1B_1C 作出正三角形，加深等边三角形的边线，结果如图 4-21（d）所示。

⑤按上述步骤在轴测轴上画出正三角形的正等轴测图，如图 4-22 所示。

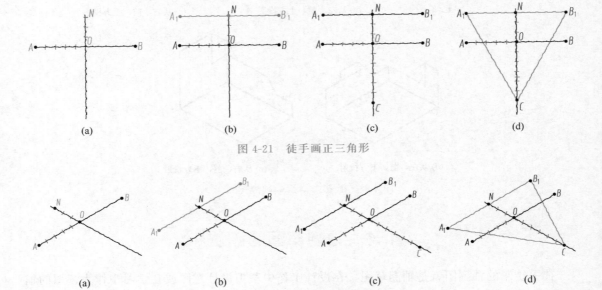

图 4-21　徒手画正三角形

图 4-22　徒手画正三角形的正等轴测图

（2）正六边形画法　徒手绘制正六边形的作图步骤如下：

① 先作出水平和垂直中心线，如图 4-23（a）所示，根据已知的六边形边长截取 OA 和 OK，并分别 6 等分。

② 过 OK 上的 N 点（第五等分）和 OA 的中点 M（第三等分），分别作水平线和垂直线相交于 B 点，如图 4-23（b）所示。

③ 由 A 点和 B 点作出中心线上的各对称点 C、D、E、F，如图 4-23（c）所示。

④ 顺次连接 A、B、C、D、E、F 各点，得正六边形，结果如图 4-23（d）所示。

⑤ 按上述步骤在轴测轴上画出正六边形的正等轴测图，如图 4-24 所示。

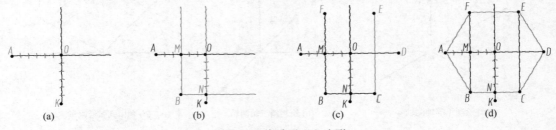

图 4-23　徒手画正六边形

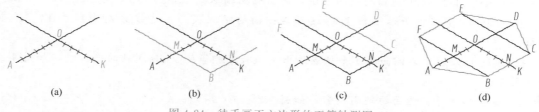

图 4-24 徒手画正六边形的正等轴测图

4.4.1.3 平行于各坐标面的圆的正等轴测草图画法

画较小的椭圆时，根据已知圆的直径作菱形，得椭圆的 4 个切点，并顺势画四段圆弧，如图 4-25 所示。

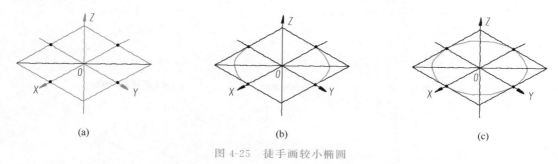

图 4-25 徒手画较小椭圆

画较大的椭圆时，按图 4-26 所示方法，先画出菱形，得椭圆的 4 个切点。然后四等分菱形的边线，并与对角相连，与椭圆的长短轴得到 4 个交点，连接 8 个点即为正等轴测椭圆的近似图形，结果如图 4-26（c）所示。

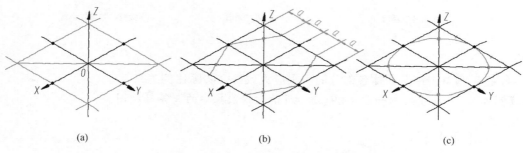

图 4-26 徒手画较大椭圆

4.4.1.4 圆角的正等轴测草图画法

画圆角的正等轴测草图时，可先画出外切于圆的尖角以帮助确定椭圆曲线的弯曲趋势，如图 4-27 所示。

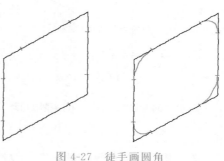

图 4-27 徒手画圆角

4.4.2 绘制轴测草图的注意事项

① 空间平行的线段应尽量画平行。

【例 4-9】 徒手绘制如图 4-28（a）所示 L 形柱体的正等轴测图。

作图步骤如下：

a. 按如图 4-20 所示画轴测轴的方法，画出轴测轴 X_1、Y_1、Z_1，如图 4-28（b）所示。

b. 如图 4-28（c）所示画出 L 形柱体右侧面的轴测投影，边线分别平行于 Y_1、Z_1 轴测轴。

c. 通过 L 形柱体右侧面的各个顶点画出一组长度相等的 X_1 轴测轴的平行线，如图 4-28（d）所示。

d. 画 L 形柱体左侧面的轴测投影，如图 4-28（e）所示。

e. 擦除轴测轴和不可见的轮廓线，检查、整理可见轮廓线，如图 4-28（f）所示。

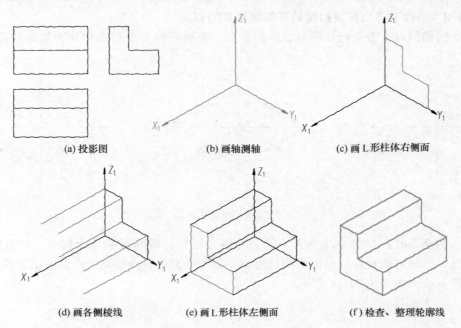

图 4-28　徒手画 L 形柱体正等轴测图

② 在轴测草图中，物体各部分的大小应大致符合实际比例关系。

【例 4-10】　徒手绘制如图 4-29（a）所示切槽圆柱体的正等轴测图。

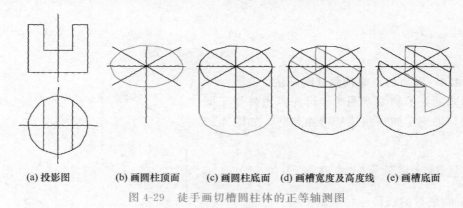

图 4-29　徒手画切槽圆柱体的正等轴测图

　　解：由投影图可知，圆柱体上切槽的宽度略小于其半径，槽的深度略大于圆柱体的高。圆柱体顶面在轴测投影中为椭圆，准确画出轴测椭圆的关键之一是确定椭圆的长短轴方向；其二是画好同心圆的轴测投影。

作图步骤如下：

a. 按如图 4-25 所示方法画出圆柱体顶面的轴测投影，如图 4-29（b）所示。

b. 量取圆柱体的高度尺寸，画出圆柱体底面可见部分的轮廓线，即与顶面椭圆平行的弧线，如图 4-29（c）所示。

c. 在顶面对称量取中间槽的宽度尺寸，约等于圆柱体半径，并画出平行于 Y_1 轴的宽度线，通过宽度线与椭圆的交点沿 Z_1 轴画出槽的高度线，如图 4-29（d）所示。

d. 截取槽的高度尺寸，约等于圆柱体高度的一半，画槽底面可见的轮廓线，应对应与顶面轮廓线平行，如图 4-29（e）所示。

如图 4-30 所示为徒手画榫头的作图步骤。

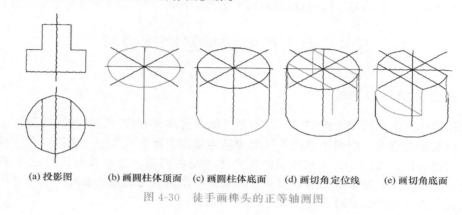

|(a) 投影图|(b) 画圆柱体顶面|(c) 画圆柱体底面|(d) 画切角定位线|(e) 画切角底面|

图 4-30　徒手画榫头的正等轴测图

复习思考题

1. 轴测投影是怎样形成的？分析轴测投影与正投影的优缺点。
2. 轴测投影的特性是什么？
3. 什么是轴测轴？什么是轴向伸缩系数？
4. 正轴测图与斜轴测图有什么区别？分别适用于什么情况？
5. 画出正等轴测图和斜二轴测图的轴测轴，写出各轴向伸向缩系数。
6. 在正等轴测图中，如何确定与坐标面平行的圆的轴测投影椭圆的长短轴方向？
7. 试比较正等轴测图和斜二轴测图的优缺点。
8. 绘制轴测图的基本方法有哪些？
9. 简述画轴测图的步骤。

第5章

组 合 体

任何复杂的物体，从形体角度看，都可以看成是由一些基本体（柱、锥、球等）组成的。由两个或两个以上的基本体组成的物体称为组合体。

5.1 组合体的构成及形体分析

5.1.1 组合体的构成形式

组合体的构成形式可分为叠加型、切割型及既有叠加又有切割特征的综合型。

（1）叠加型组合体 由两个或两个以上的基本体按不同形式叠加（包括叠合、相交和相切）而成的组合体。如图5-1（a）所示的组合体，是由底板、立板及三棱柱三个基本体组成，立板在底板之上，其前表面与底板前表面重合，在底板与立板之前有三个三棱柱，其后表面与底板、立板前表面重合，如图5-1（b）所示。

 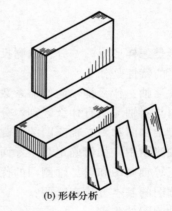

(a) 组合体   (b) 形体分析

图 5-1 叠加型组合体

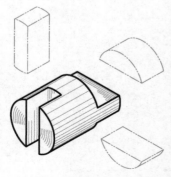

图 5-2 切割型组合体

（2）切割型组合体 由一个立体切割掉若干个基本体而形成的组合体。如图5-2所示，基本体为圆柱，在其左侧中间位置切割去一个上下为弧面的四棱柱，在其右侧上、下对称各切割去两个弧形柱。

（3）综合型组合体 形状比较复杂的形体，组合体的各个组成部分之间既有叠加又有切割特征的综合型组合体。如图5-3所示组合体，可看成由上部、中部、下部各一个基本体叠加而成。上部是一个铅垂圆柱体，中部是一个具有圆柱孔的拱形柱，在其上方与上部的圆柱体一起切挖一个圆柱孔；下部是一个四棱柱。

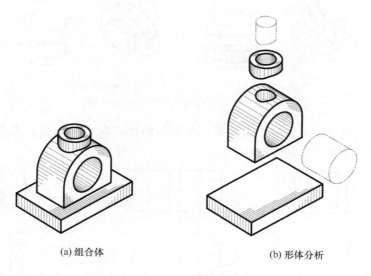

(a) 组合体　　　　　　　　(b) 形体分析

图 5-3　综合型组合体

5.1.2　组合体的形体分析与线面分析

在分析组合体的视图时，最常用的方法有以下两种：

（1）形体分析法　将组合体分解为若干基本体，分析这些基本体的形状和它们的相对位置，并想出组合体的完整形状，这种方法称为形体分析法，如图 5-1～图 5-3 所示。

（2）线面分析法　应用线、面的投影规律，分析视图中的某些图线和线框，构思出它们的空间形状和相对位置，在此基础上归纳想象获得组合体的形状，这种方法称为线面分析法。

5.1.3　组合体相邻表面之间的连接关系

（1）平行

① 共面　当两个基本体表面平齐时，它们之间没有分界线，在视图上不应画线，如图 5-4所示。

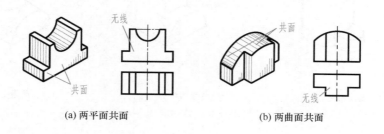

(a) 两平面共面　　　　　　　　(b) 两曲面共面

图 5-4　形体表面连接关系——共面

② 不共面　当两个基本体表面不平齐时，视图中两个基本体之间有分界线，视图上应画线，如图 5-5 所示。

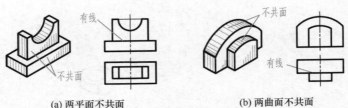

(a) 两平面不共面   (b) 两曲面不共面

图 5-5　形体表面连接关系——不共面

（2）相切　当两个基本体的连接表面（平面与曲面或曲面与曲面）光滑过渡时称为相切。相切处没有分界线，如图 5-6 所示。

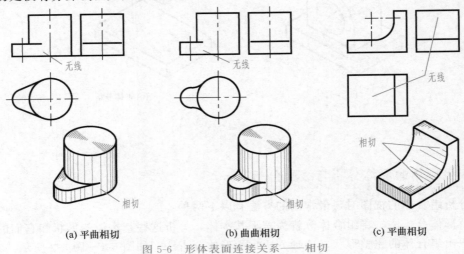

(a) 平曲相切   (b) 曲曲相切   (c) 平曲相切

图 5-6　形体表面连接关系——相切

（3）相交　当两个基本体相交，则在立体的表面产生交线，画图时应画出交线的投影，如图 5-7 所示。

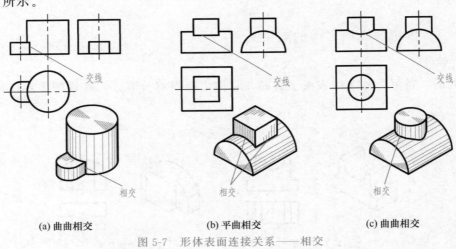

(a) 曲曲相交   (b) 平曲相交   (c) 曲曲相交

图 5-7　形体表面连接关系——相交

5.2　组合体三视图的画法

画组合体三视图时，首先要运用形体分析法，将组合体分解为若干个基本体，分析构成组合体的各个基本体的组合形式和相对位置，判断形体间相邻表面是否处于共面、相切或相交的关系，然后逐一绘制其三视图。必要时还要对组合体中一般位置平面及其相邻表面关系进行线面分析。

5.2.1 以叠加为主的组合体三视图的绘图方法和步骤

(1) 形体分析　如图 5-8 (a) 所示闸墩由底板、墩身和立柱三部分叠加组合而成。底板为长方体，在其下方中间切割一梯形槽。墩身位于底板上方，前后居中，底面与底板顶面重合，墩身可看成是一个长方体两端叠加两个半圆柱后，切去四个小长方体（闸门槽）构成。立柱为一长方体，位于墩身上方，前后对称，立柱的右端面与墩身右侧槽的右侧面对齐，如图 5-8 (b) 所示。分析了解各部分的形状、相对位置及组合关系，是绘制组合体视图的基础。

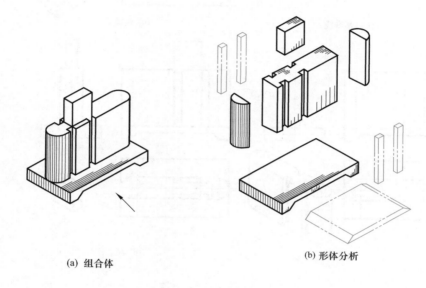

(a) 组合体　　　　　　　　　　　　　(b) 形体分析

图 5-8　闸墩的形体分析

(2) 选择正视图　正视图主要由组合体的安放位置和投影方向两个因素决定。其中安放位置由作图方便与形体放置稳定来确定；投影方向应选择较多地表达组合体的形状特征及各组成部分相对位置关系的方向，并使其他视图中虚线尽量减少。如图 5-8 (a) 所示箭头方向为闸墩正视图的投射方向。

(3) 画图步骤

① 布置图面，如图 5-9 (a) 所示。画组合体视图时，首先选择适当的比例，按图纸幅面布置视图位置。视图布置要匀称美观，便于标注尺寸及阅读，视图间不应间隔太密或集中于图纸一侧，也不要太分散。安排视图的位置时应以中心线、对称线、底面等为画图的基准线，定出各视图之间的位置。

② 画底板的三视图，如图 5-9 (b) 所示。画底板时，应注意底部梯形槽的对称性及可见性。

③ 画墩身的三视图，如图 5-9 (c) 所示。画墩身时，应注意左右两侧半圆柱面与中间长方体前后侧面相切，相切处不应画线。墩身与底板等长，且前后对称。

④ 画立柱的三视图，如图 5-9 (d) 所示。立柱位于墩身上方，立柱的右端面与墩身右

侧槽的右侧面对齐。

⑤ 最后校核、修正，加深图线，如图 5-9（e）所示。

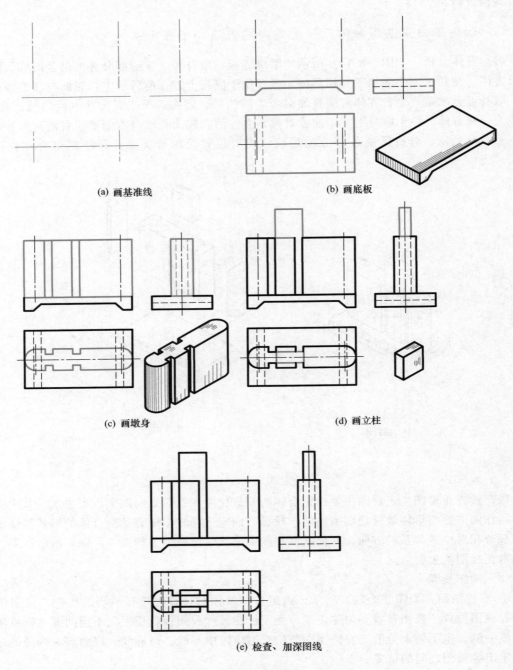

(a) 画基准线　　　　　　　　　　(b) 画底板

(c) 画墩身　　　　　　　　　　(d) 画立柱

(e) 检查、加深图线

图 5-9　闸墩三视图的画图步骤

（4）注意事项

① 绘制组合体的各组成部分时，应将各基本形体的三视图联系起来同时作图，不仅能保证各基本体的三视图符合"长对正，高平齐，宽相等"的投影关系，而且能够提高画图

速度。

② 在画基本体的三视图时，一般应先画反映形状特征的视图，对于切口、槽、孔等被切割部分的表面，则应先从反映切割特征的投影画起。

③ 注意叠合、相切、相交时表面连接关系的画法。

5.2.2 以切割为主的组合体三视图的绘图方法和步骤

（1）形体分析　如图 5-10 (a) 所示压块，是由四棱柱分别切去基本体 Ⅰ、Ⅱ、Ⅲ、Ⅳ四个部分而形成的，如图 5-10 (b) 所示。作图时，可先画出完整四棱柱的三视图，然后依次画出切割形体 Ⅰ、Ⅱ、Ⅲ、Ⅳ后的视图。

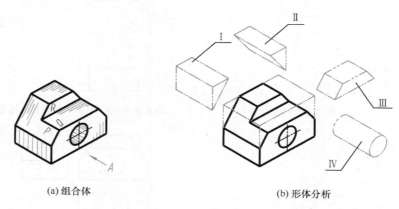

图 5-10　压块的形体分析

（2）选择正视图　A 方向能较多地表达组合体的形状特征及各组成部分的相对位置关系，选择箭头 A 所指方向作为正视图的投射方向。

（3）画图步骤

① 图面布置：以组合体的底面、左右对称面和后表面为作图基准，如图 5-11 (a) 所示。

② 画四棱柱三视图，如图 5-11 (b) 所示。

③ 画切去形体 Ⅰ、Ⅱ后的三视图，如图 5-11 (c) 所示。

④ 画切去形体 Ⅲ后的三视图，绘图时应先画出反映其切割特征的左视图，然后利用三视图的三等关系分别画出其在正视图和俯视图上的投影。如图 5-11 (d) 所示。

注意：切去形体 Ⅲ后，形体左侧正垂面平面六边形，作图时，应对该斜面进行线面分析，以便视图交互印证，完成对复杂局部结构的正确表达。如图 5-11 (d) 所示，正垂面是投影面垂直面，该表面除正视图中具有积聚性外，俯视图和左视图都为原形状的类似形。

⑤ 画切去形体 Ⅳ形成的圆柱孔的三视图。注意：绘制回转体的视图时，必须画出其轴线和圆的中心线。如图 5-11 (e) 所示。

⑥ 校核、修正，加深图线，如图 5-11 (f) 所示。

注意：对于切割型组合体，在挖切过程中形成的断面和交线较多，形体不完整。绘制切割型组合体三视图时，需要在用形体分析法分析形体的基础上，根据线、面的空间性质和投影规律，分析形体的表面或表面间交线的投影进行画图。作图时，一般先画出组合体被切割前的原形，然后按切割顺序，画切割后形成的各个表面。注意应先画有积聚性的线、面的投影，然后再按投影规律画出其他投影。

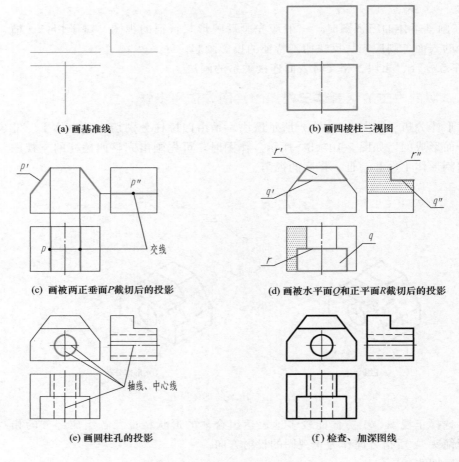

(a) 画基准线   (b) 画四棱柱三视图

(c) 画被两正垂面P截切后的投影   (d) 画被水平面Q和正平面R截切后的投影

(e) 画圆柱孔的投影   (f) 检查、加深图线

图 5-11　切割型组合体的画图步骤

5.3　组合体的尺寸

　　组合体的三视图只能表达形体的结构和形状，它的各组成部分的真实大小及相对位置，必须通过尺寸标注来确定。对组合体尺寸标注的基本要求是：

　　(1) 正确　尺寸标注应符合制图标准中的相关规定（参见第 1 章）。

　　(2) 完整　标注的尺寸要完整，不遗漏，不重复。

　　(3) 清晰　尺寸的布置应清楚、整齐、匀称，便于查找和阅读。

5.3.1　组合体尺寸的种类及尺寸基准

　　(1) 尺寸的种类

　　① 定形尺寸　确定组合体中各组成部分形状大小的尺寸，称为定形尺寸。如图 5-12 (a) 所示，底板的长、宽、高尺寸（50、58、12），底板上半圆槽尺寸（R8），侧板的厚度尺寸（12），侧板上圆孔尺寸（2×φ12），各圆角尺寸（R10、R14）。

　　② 定位尺寸　确定组合体中各组成部分之间相对位置的尺寸，称为定位尺寸。如图 5-12 (a) 所示，底板半圆槽的定位尺寸（20），侧板圆孔的定位尺寸（30、34）。

③ 总体尺寸　确定组合体外形的总长、总宽、总高的尺寸，称为总体尺寸。当总体尺寸与组合体中某基本体的定形尺寸相同时，无需重复标注。本例组合体的总长和总宽与底板相同，在此不再重复标注，只需标注总高尺寸（48）。

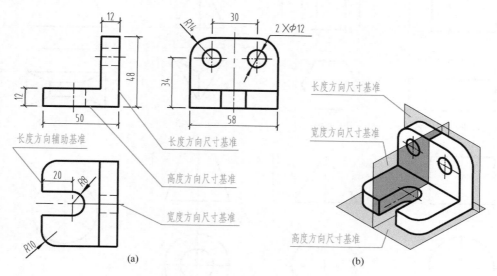

图 5-12　组合体的尺寸

（2）尺寸基准　确定尺寸位置的几何元素（点、直线、平面等）称为尺寸基准。组合体有长、宽、高三个方向的尺寸，所以一般有三个方向的基准，如图 5-12（b）所示。一般选用组合体的对称面（中心对称面）、较大端面、底面或回转体的轴线等作为主要尺寸基准，根据需要，还可选择其他几何元素作为辅助基准。标注定位尺寸时，首先要选好尺寸基准，以便从基准出发确定各基本体之间的定位尺寸。

5.3.2　组合体的尺寸标注

5.3.2.1　基本体的尺寸标注

标注基本体的尺寸，一般要注出长、宽、高三个方向的尺寸，常见的几种基本体的尺寸标注如图 5-13 所示。

图 5-13（a）、（b）、（c）、（d）为平面立体，其长、宽尺寸宜注写在能反映其底面实形的俯视图上。高度尺寸宜应写在反映高度方向的正视图上。

图 5-13（e）、（f）、（g）、（h）为回转体，对于回转体，可在其非圆视图上注出直径方向（简称"径向"）尺寸" ϕ "，这样不仅可以减少一个方向的尺寸，还可以省略一个视图。球的尺寸应在直径或半径符号前加注球的符号" S "，即 $S\phi$ 或 SR ，如图 5-13（h）所示。

5.3.2.2　切割体与相贯体的尺寸标注

（1）切割体的尺寸标注　对于切割体除了标注基本体的尺寸，还应标注确定截平面位置的尺寸。由于截平面与基本体的相对位置确定之后，截交线随之确定，所以截交线上一般不标注尺寸，如图 5-14 所示。

（2）相贯体的尺寸标注　对于相贯体，应首先分别标注两个基本体的定形尺寸，然后标注两基本体相对位置尺寸。当两基本体的大小及相对位置确定之后，相贯线也随之确定，所以相贯线上不应标注尺寸，如图 5-15 所示。图 5-15（b）所示，形体如果为对称形体，可省略注有括号的尺寸。

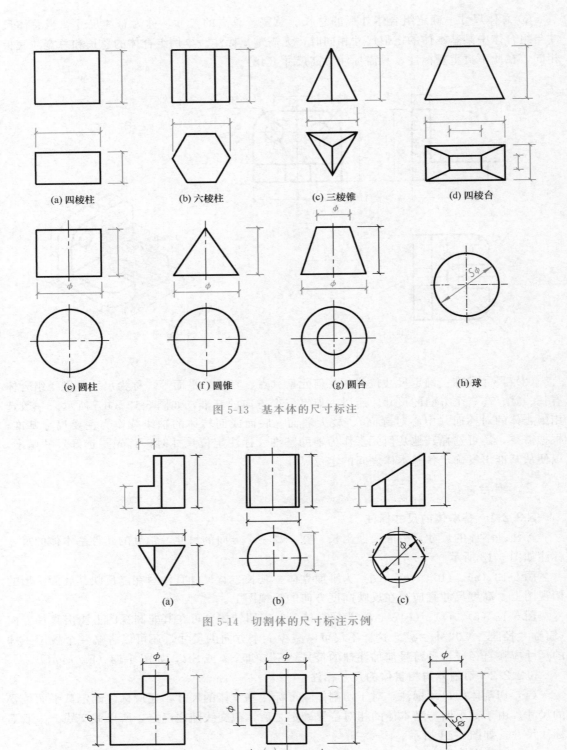

图 5-13　基本体的尺寸标注

(a) 四棱柱　　(b) 六棱柱　　(c) 三棱锥　　(d) 四棱台

(e) 圆柱　　(f) 圆锥　　(g) 圆台　　(h) 球

图 5-14　切割体的尺寸标注示例

(a)　　(b)　　(c)

图 5-15　相贯体的尺寸标注示例

(a)　　(b)　　(c)

5.3.2.3 组合体的尺寸标注

标注组合体尺寸的基本方法是形体分析法。首先，逐个标出反映各个基本体形状和大小的定形尺寸，然后标注反映各基本体间相对位置的定位尺寸，最后标注组合体的总体尺寸。

现以如图 5-16 所示支座为例，说明组合体尺寸标注的步骤。

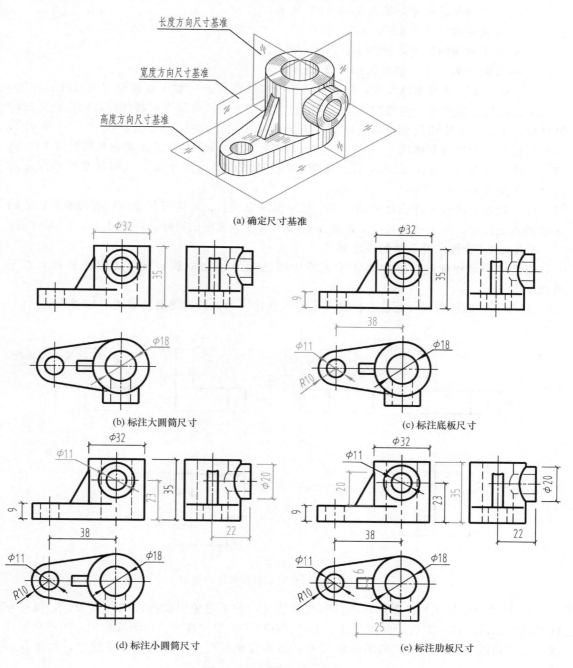

图 5-16　组合体尺寸标注示例

（1）形体分析　在标注组合体尺寸之前，首先要进行形体分析，明确组合体是由哪些基本体组成，以什么样的方式组合而成，也就是要读懂三视图，想象出组合体的结构形状。

（2）选择尺寸基准　选用底板的底面为高度方向的尺寸基准；支座前后基本对称，选用基本对称面为宽度方向的尺寸基准；选用大圆筒和小圆筒轴线所在的平面可作为长度方向的尺寸基准，如图 5-16（a）所示。

（3）逐个标出组成支座各基本体的尺寸

① 标注大圆筒的尺寸，如图 5-16（b）所示；

② 标注底板的尺寸，如图 5-16（c）所示；

③ 标注小圆筒的尺寸，如图 5-16（d）所示；

④ 标注肋板的尺寸，如图 5-16（e）所示。

（4）标出组合体的总体尺寸，并进行必要的尺寸调整　一般应直接标出组合体长、宽、高三个方向的总体尺寸，但当在某个方向上组合体的一端或两端为回转体时，则应该标出回转体的定形尺寸和定位尺寸。如支座长度方向标出了定位尺寸 38 及定形尺寸 $R10$ 和 $\phi32$，通过计算可间接得到总体尺寸 64（38＋10＋32/2＝64），而不是直接注出总长度尺寸 64。同理，支座宽度方向应标出 22 和 $\phi32$。高度方向大圆筒的高度尺寸 35，同时又是形体的总高尺寸，如图 5-16（e）所示。

（5）检查、修改、完成尺寸的标注　尺寸标注完以后，要进行仔细的检查和修改，去除多余的重复尺寸，补上遗漏尺寸，改正不符合国家标准规定的尺寸标注之处。

5.3.2.4　合理布置尺寸的注意事项

组合体的尺寸标注，除应遵守第 1 章中所述尺寸注法的规定外，还应注意做到以下几点。

① 应尽可能地将尺寸标注在反映基本体形状特征明显的视图上，如图 5-17 所示。

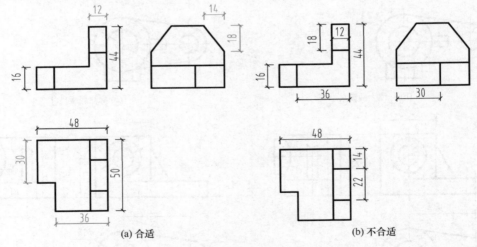

图 5-17　尺寸标注在形状特征明显的视图上

② 尺寸应尽量注写在图形之外，有些小尺寸，为了避免引出标注的距离太远，也可标注在图形之内。同一方向的并列尺寸，小尺寸在内，大尺寸在外，间隔要均匀，应避免尺寸线与尺寸界线交叉。同一方向串联的尺寸，箭头应相互对齐，排列在一条线上，如图 5-18 所示。

③ 同轴圆柱、圆锥的尺寸尽量标注在非圆视图上，圆弧的半径尺寸则必须标注在投影为圆弧的视图上，如图 5-19 所示。

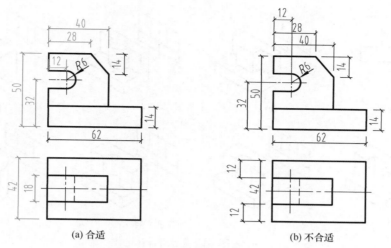

(a) 合适   (b) 不合适

图 5-18 尺寸排列应整齐

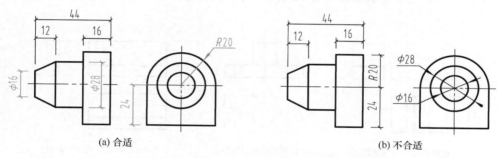

(a) 合适   (b) 不合适

图 5-19 组合体上直径、半径尺寸的标注

5.4 组合体视图的识读

读图和画图是学习工程图样的两个主要内容。画图是将形体用正投影的方法表达在平面上，即实现空间到平面的转换；而读图则是根据视图想象出形体的空间形状，即实现平面到空间的转换。为了正确而迅速地读懂视图，想象出物体的空间形状，必须掌握读图的基本要领和基本方法，并通过反复实践，不断培养空间想象力，才能提高读图能力。

5.4.1 读图要点

5.4.1.1 将几个视图联系起来阅读

组合体的三视图中，每个视图只能表达物体长、宽、高三个方向中的两个方向，读图时，不能只看一个视图，要把各个视图按三等关系联系起来看图，切忌看了一个视图就下结论。如图 5-20 所示，各形体形状不相同，却具有完全相同的正视图。

5.4.1.2 抓住特征视图阅读

视图中，形体特征是对形体进行识别的关键信息。为了快速、准确地识别各形体，要从反映形体特征的视图入手，再联系其他视图来看图。

（1）形状特征投影 如图 5-21 所示的三个形体，分别是正视图、俯视图和左视图形状

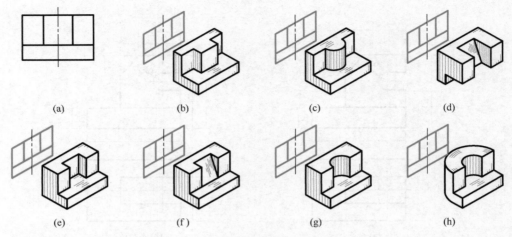

图 5-20　一个视图不能确定组合体的唯一形状

特征明显。读图时先看形状特征明显的视图，再对照其他视图，这样可较快地识别组合体的形状。

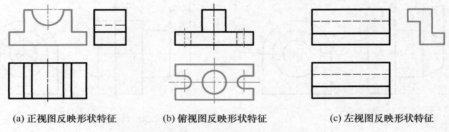

(a) 正视图反映形状特征　　　(b) 俯视图反映形状特征　　　(c) 左视图反映形状特征

图 5-21　反映形状特征的组合体视图读图示例

　　（2）位置特征投影　　如图 5-22（a）所示，如只看组合体的正视图和俯视图，不能确定其唯一形状。如图 5-22（b）所示，是根据给出的正视图和俯视图画出的形状不同的两个左视图。若给出正视图和左视图，则根据正视图和左视图，就可以确定组合体的形状，如图 5-22（c）、（d）所示。因此，该组合体正视图是反映形状特征的视图，而左视图是反映位置特征的视图。

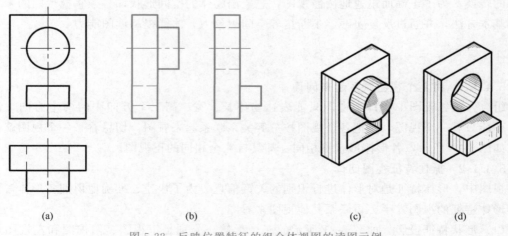

(a)　　　　　　　　(b)　　　　　　　　(c)　　　　　　　　(d)

图 5-22　反映位置特征的组合体视图的读图示例

5.4.1.3　分析视图中的图线和线框

（1）视图中的每条图线和每个线框所代表的含义　视图是由图线及线框构成的，读图时要正确读懂每条图线和每个线框所代表的含义，如图 5-23 所示。

视图中的图线有下述几种含义：

① 表示投影有积聚性的平面或曲面；

② 表示两个面的交线；

③ 表示回转体的转向轮廓素线。

视图中的线框有下述几种含义：

① 表示一个投影为实形或类似形的平面；

② 表示一个曲面；

③ 表示一个平面立体或曲面立体；

④ 表示一个孔洞或坑槽。

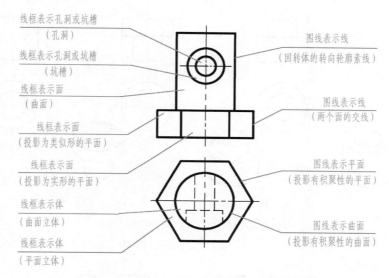

图 5-23　视图中的图线与线框的含义

（2）分析视图中的线框，识别形体表面的相对位置关系

① 相邻的两个封闭线框，表示物体上两个面。两个线框的公共边线，表示错位两个面之间的第三面的积聚投影，如图 5-24（a）、（b）所示。或者表示两个面的交线的投影，如图 5-24（c）、（d）所示。由于不同的线框代表不同的面，相邻的线框可能表示平行的两个面，如图 5-24（a）所示；也可能是相交的两个面，如图 5-24（b）所示；或者是交错的两个面，如图 5-24（c）所示；也有可能是不相切的平面和曲面，如图 5-24（d）所示。

② 两个同心圆，一般情况下表示凸起、凹槽，或通孔，如图 5-25 所示。

（3）视图中虚线的分析　虚线在视图中表示不可见的结构，通过虚线投影可确定几个表面的位置关系。如图 5-26（a）、（b）所示两个组合体的正视图和俯视图完全相同，均为左右对称形体。图 5-26（a）左视图内部的两条粗实线，表示三棱柱左侧面与 L 形六棱柱的左侧面是错位的，故三棱柱放置在形体正中位置。图 5-26（b）左视图在此处为两条虚线，说明三棱柱左侧面与 L 形六棱柱的左侧面对齐，故形体上左右对称放置两个三棱柱。图 5-26（c）、（d）所示的两个形体，可借助视图中画出的虚线判断组合体各组成部

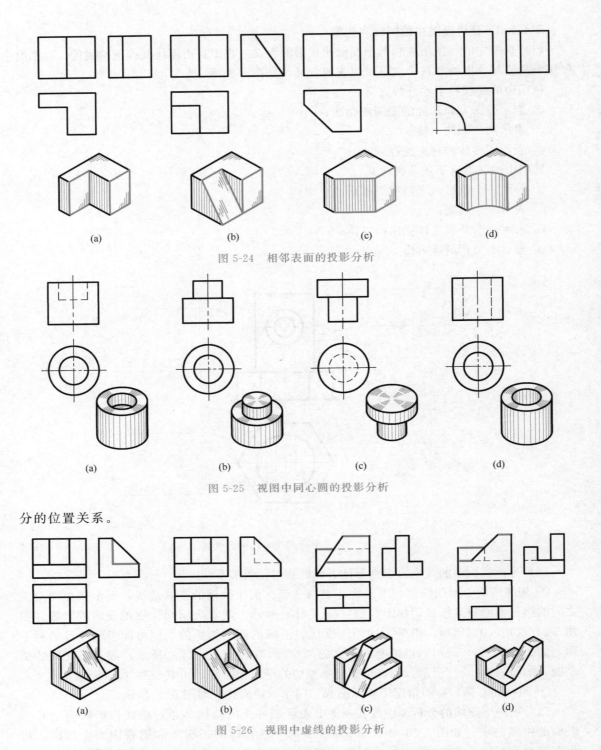

图 5-24　相邻表面的投影分析

图 5-25　视图中同心圆的投影分析

分的位置关系。

图 5-26　视图中虚线的投影分析

（4）分析面的形状，找出类似形投影　当基本体被投影面垂直面截切时，根据投影面垂直面的投影特性，断面在与截平面垂直的投影面上的投影积聚成直线，而在另两个与截平面倾斜的投影面上的投影则是类似形。如图 5-27（a）、（b）、（c）所示，分别有"L"形铅垂面、"工"字形正垂面、"凹"字形侧垂面。在三视图中，断面除了在与其垂直的投影面上的投影积聚成一直线外，在其他两个视图中都是类似形。图 5-27（d）中平行四边形为一般位置面，其在三视图中的投影均为类似形。

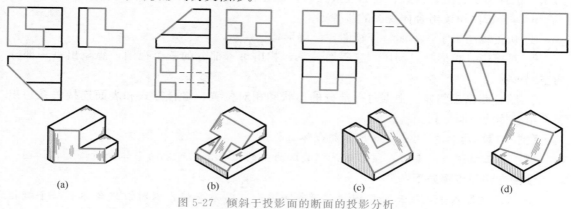

图 5-27　倾斜于投影面的断面的投影分析

（5）注意画出切割体与相贯体中交线的投影　图 5-28（a）、（b）为切割体，图 5-28（c）、（d）为相贯体，其表面交线的求作方法在第 3 章中已作详细介绍。一般在绘制组合体三视图时，相贯线可采用简化画法作图。

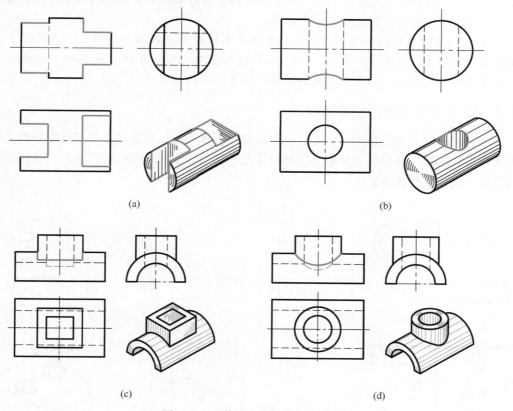

图 5-28　立体表面交线的投影分析

5.4.2　形体分析法识读组合体视图

形体分析法是读图的基本方法。形体分析法是根据视图特点，把比较复杂的组合体视图，按线框分成几个部分，应用三视图的投影规律，逐个想象出它们的形状，再根据各部分的相对位置关系、组合方式、表面连接关系，综合想象出整体的结构形状。

形体分析法识读组合体视图的步骤如下：

① 从正视图入手，参照特征视图，分解形体。

② 对投影，想形状。利用"三等"关系，找出每一部分的三个视图，想象出每一部分的空间形状。

③ 综合起来想整体。根据每一部分的形状和相对位置、组合方式和表面连接关系想出整个组合体的空间形状。

【例 5-1】 读如图 5-29（a）所示组合体三视图。

解： 由正视图可以看出，该形体是以叠加为主的组合体，可采用形体分析法进行读图。

读图方法和步骤如下：

① 从正视图入手，把三个视图按"三等关系"粗略看一遍，以对该组合体有一个概括的了解。以特征明显、容易划分的视图为基础，结合其他视图把组合体视图分解为 Ⅰ（1′）、Ⅱ（2′）、Ⅲ（3）、Ⅳ（4）四个部分，如图 5-29（a）所示。

② 先易后难地逐次找出每一个基本形体的三视图，从而想象出它们的形状，如图 5-29（b）、（c）、（d）所示：Ⅰ是水平长方形板，上有两个阶梯孔；Ⅱ是竖立的长方形板；Ⅲ和Ⅳ是前后两个半圆形耳板，但前后孔略有不同。

③ 综合想象组合体的形状。分析各基本体之间的组合方式与相对位置。通过组合体三视图的分析可确定，形体Ⅰ和Ⅱ是前面、后面对齐叠加；形体Ⅱ和Ⅲ是顶面、前面对齐叠加；形体Ⅱ和Ⅳ是顶面、后面对齐叠加。组合体整体形状如图 5-29（e）所示。

5.4.3 线面分析法识读组合体视图

对于切割面较多的组合体，读图时往往需要在形体分析法的基础上进行线面分析。线面分析法就是运用线、面的投影理论来分析物体各表面的形状和相对位置，并在此基础上综合归纳想象出组合体形状的方法。

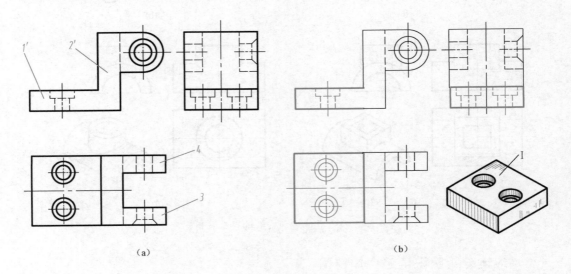

(a)　　　　　　　　　　　　　　　　　(b)

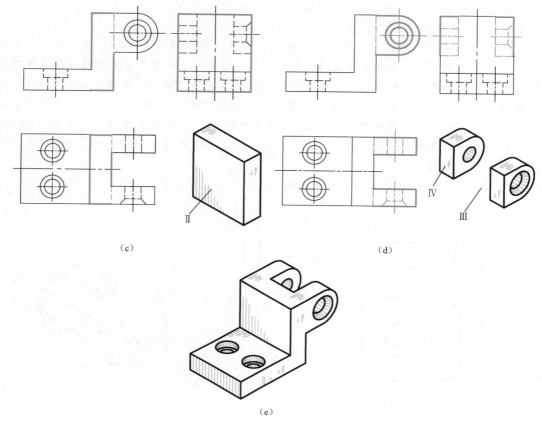

（c）

（d）

（e）

图 5-29　形体分析法读组合体视图

线面分析法识读组合体视图的步骤如下：

① 概括了解，想象切割前基本体形状。

② 运用投影特性，分析线、线框的含义。

③ 综合想象整体形状。

【例 5-2】　读如图 5-30 所示组合体三视图。

分析：对照三个视图可以看出，该物体是切割型组合体，适合采用线面分析法读图。

读图的方法和步骤如下：

① 从正视图入手，对照俯视图和左视图，由于三个视图外轮廓基本都是矩形，因此可知该形体是由四棱柱切割而成的组合体。

② 依次对应找出各视图中尚未读懂的多边形线框的另两个投影，以判断这些线框所表示的表面的空间情况。

若一多边形线框在另两视图中投影均为类似形，则该面为投影面一般位置面；若一多边形线框在另两视图中，一投影积聚为斜线，另一投影为类似形，则该面为投影面垂直面；若一多边形线框在另两视图中，投影均积聚为直线，则该面为投影面平行面，此多边形线框即为其实形。

如图 5-30（a）所示，正视图中多边形线框 a'，在俯视图中只能找到斜线 a 与之投影相对应，在左视图中则有类似形 a'' 与之相对应，则可确定 A 面为铅垂面。

又如俯视图中多边形线框 b，在正视图中只能找到斜线 b' 与之投影相对应，在左视图

中则有类似形 b'' 与之相对应，则可确定 B 面为正垂面。

依此类推，可逐步看懂组合体各表面形状。

③ 比较相邻两线框的相对位置，逐步构思组合体。两个封闭线框表示两个表面。正视图中的两相邻线框应注意区分其在空间的前后关系；俯视图中的两相邻线框应注意区分其空间的上下关系；左视图两相邻线框应注意区分其在空间的左右关系。如图 5-30（a）所示正视图中的线框 d' 和 e' 必有前后之分，对照俯、左视图可知，D 面和 E 面均为正平面，D 面在前，E 面在后。相邻两线框还可能是空与实的相间，一个代表空腔，一个代表实体，如俯视图中大小两圆组成的线框表示一个水平面，但小圆线框内却是空腔，是一个通孔，没有平面，应注意鉴别。

④ 综合想象组合体的整体形状。综合分析，组合体的整体形状如图 5-30（b）所示。

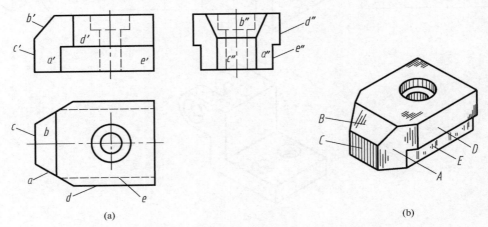

图 5-30　线面分析法读组合体视图

5.4.4　补图、补漏线

对于能够用两个视图完整表达的组合体，为了更好地读图，常采用"根据组合体已知的两个视图补画第三视图"的方式来训练读图。

根据两视图补画第三视图，首先要按形体分析或线面分析的方法看懂两视图所表达的组合体的空间形状，然后逐个补画出各基本的第三视图，最后处理各基本体之间的组合方式与相对位置，明确表面连接关系。

【例 5-3】　如图 5-31（a）所示涵洞进口的两视图，补画其左视图。

解：正视图结合俯视图，把涵洞进口分成底板Ⅰ、翼墙Ⅱ和面墙Ⅲ三个部分，如图 5-31（b）所示。

作图步骤如下：

① 补画底板左视图，如图 5-31（c）所示。首先画出左视图中心对称线确定其位置，根据正、俯视图画出底板左视图。

② 补画翼墙左视图，如图 5-31（d）所示。前后两块翼板呈八字形，且相对底板对称布置。两翼墙顶面和前后侧面均为投影面垂直面，左视图中均为类似形，画图时应先作出个顶点的投影然后连线得各表面的投影。

③ 补画面墙左视图，如图 5-31（e）所示。立板为长方体，且在其偏下方有一通孔，涵洞进口的孔应为圆柱孔。

④ 检查、加深轮廓线。如图 5-31（f）所示。

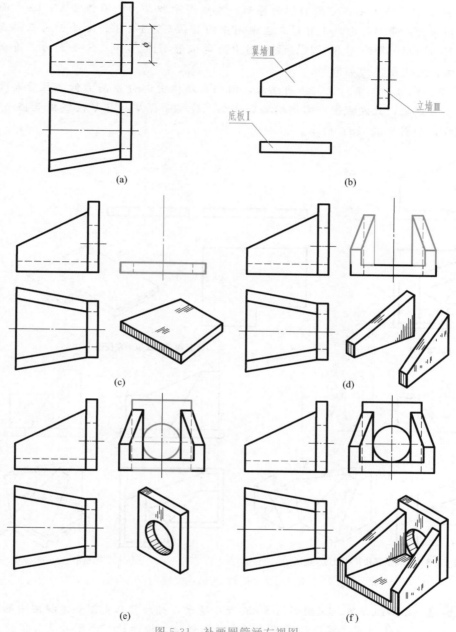

图 5-31　补画圆管涵左视图

【例 5-4】　如图 5-32（a）所示，已知挡土墙的主、俯视图，补画其左视图。

分析：先对挡土墙进行形体分析，根据已知视图可知该形体大致由上、下两部分组成，属于综合形体。然后再对各线框作线面分析，想象出各部分的形状和位置。对照正面和水平投影，可知下部形体为"┐"形棱柱（基础底板）。上部挡土墙墙身部分斜面较多，可利用线面分析法分析其具体形状。

作图步骤如下：

① 画出下部基础的左视图，如图 5-32（b）所示。

② 画出墙身的左视图，如图 5-32（c）所示。

其中 P 平面为侧垂面，空间形状为梯形，左视图中积聚为一直线 $1''3''$；Q 平面为一般面，空间形状为三角形，即 $\triangle$ Ⅰ Ⅱ Ⅲ，左视图中为类似形 $\triangle 1''2''3''$；R 平面为正垂面，空间形状为平行四边形，即 $\square$ Ⅰ Ⅱ Ⅴ Ⅳ，左视图中为类似形 $\square 1''2''5''4''$；S 平面为正垂面，空间形状为梯形，左视图中为类似形。

③ 检查、校核、加深图线。特别注意，因挡土墙墙身部分左高右低，且后表面从左后方向右前下方倾斜，故左视图中右侧端墙后棱线、后端面 ⅣⅤ 和 ⅡⅤ 棱线被遮挡而不可见，应画成虚线，如图 5-32（d）所示。

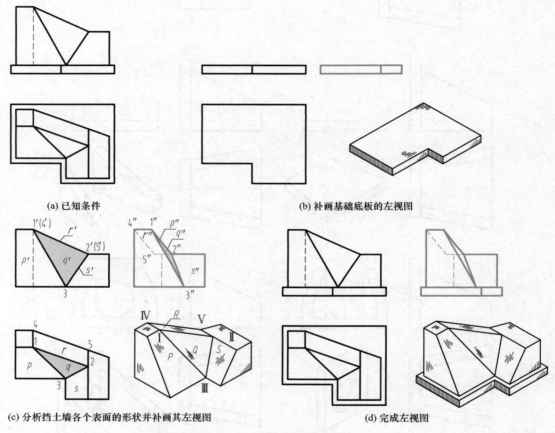

(a) 已知条件　　　　　　　(b) 补画基础底板的左视图

(c) 分析挡土墙各个表面的形状并补画其左视图　　　　　(d) 完成左视图

图 5-32　补画挡土墙的左视图

【例 5-5】　已知组合体三视图如图 5-33（a）所示，补画其正视图和左视图中的遗漏线。

解：补全组合体视图中漏画的图线是提高读图能力，检验读、画图效果常用的方法。将正、俯、左三个视图联系起来看，利用"三等"规律和形体分析法，找出视图中各线框对应的结构并想出空间立体形状，从而补全漏画的图线。

① 由三个视图中对应的矩形线框可知，该组合体是由四棱柱上下叠加而成，故正、左视图均漏画接合部分图线，补画结果如图 5-33（b）所示。

② 由正视图中的两条虚线与俯视图中与其对应的半圆可知，在组合体后面挖掉一个轴线铅垂的半圆柱槽，需补画其左视图中漏画的图线，补画结果如图 5-33（c）所示。

③ 由正视图和俯视图中间对应的矩形线框可知，该处自前向后切掉一个矩形槽，并与半圆柱相交，左视图漏画其交线，补画结果如图 5-33（d）所示。

④ 构思组合体的整体结构，如图 5-33（e）所示。

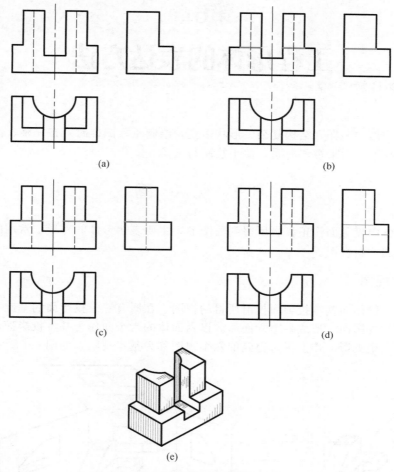

(a)

(b)

(c)

(d)

(e)

图 5-33　补画视图中遗漏的图线

复习思考题

1. 组合的方式有哪几类？
2. 组合体中各基本几何体表面之间的连接关系有几种？
3. 什么是形体分析法？如何应用形体分析法画图、看图和标注尺寸？
4. 什么是线面分析法？它与形体分析法有何区别？
5. 选择组合体正视图投影方向时，应考虑哪些因素？
6. 简述画组合体视图方法和步骤。
7. 简述组合体三视图之间的位置关系、投影关系和方位关系。
8. 读组合体视图的基本要领是什么？
9. 标注组合体尺寸的基本要求是什么？组合体的尺寸分几类？
10. 什么叫作尺寸基准？应该如何确定尺寸基准？
11. 简述根据组合体两个视图补画第三视图的步骤。
12. 补画组合体视图中遗漏的图线应考虑哪些问题？

第6章
工程形体的表达方法

工程建筑物形式多样、结构复杂、形状多变，绘制工程图样时，在完整、清晰地表达各部分形状的前提下，力求视图简明，便于绘制与阅读。

6.1 视　图

视图是物体向投影面作正投影所得到的图形，主要表达形体的外形。常用的视图有基本视图、局部视图、斜视图。

6.1.1 基本视图

基本视图是物体向基本投影面投射所得的视图。在原有三个投影面的基础上再增设三个与之对应平行的投影面，形成一个六面体。以六面体的六个面作为基本投影面，将形体放入其中，分别向六个投影面作投影，得到的六个视图称为基本视图，如图 6-1 所示。

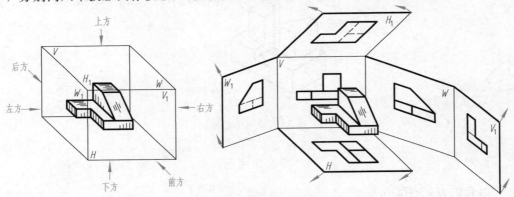

图 6-1　基本视图的形成

（1）六个基本视图的投射方向及对应名称　由前向后投射所得到的图形，称为正视图；由上向下投射所得到的图形，称为俯视图；由左向右投射所得到的图形，称为左视图；由后向前投射所得到的图形，称为后视图；由下向上投射所得到的图形，称为仰视图；由右向左投射所得到的图形，称为右视图。

（2）六个基本视图的配置及投影规律　将各投影面按照图 6-1 中箭头所指方向展开到一个平面上，得到六个基本视图的配置如图 6-2 所示。六个视图仍符合"长对正、高平齐、宽相等"的投影规律。

当基本视图按图 6-2 位置配置时，可不标注视图名称。但在实际应用中，当在同一张图纸上绘制同一个形体的若干个视图时，为了合理利用图纸，各视图宜按如图 6-3 所示的位置进行配置，此时每个视图应标注图名。视图名称宜标注在图形的上方，并在视图名称下方绘制一条粗实线，其长度应超出视图名称长度前后各 3～5mm。

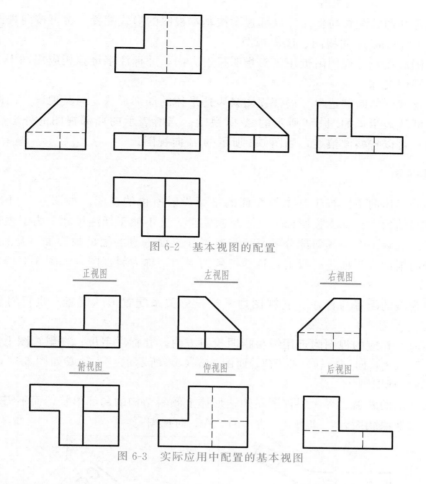

图 6-2　基本视图的配置

正视图　　　　　左视图　　　　　右视图

俯视图　　　　　仰视图　　　　　后视图

图 6-3　实际应用中配置的基本视图

6.1.2　局部视图

局部视图是将形体的某一部分向基本投影面投射所得的视图。

当形体的主要形状已在基本视图上表示清楚，只有某些局部形状尚未表达清楚，而又没有必要画出完整的基本视图，可采用局部视图，如图 6-4 所示的 A 向视图、B 向视图。

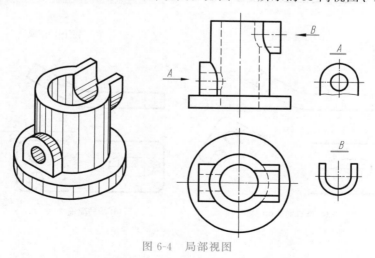

图 6-4　局部视图

（1）局部视图的配置与标注　局部视图按基本视图的形式配置，也可按向视图的形式配置，如图 6-4 所示的 A 向视图、B 向视图。

局部视图应在相应视图附近用箭头指明投射方向，并标注字母；相应视图上方标注"×向视图"的视图名称。

（2）局部视图的断裂边界　局部视图只表达形体的局部形状，与其他部分的断裂边界用波浪线或折断线表示，如图 6-4 所示的 A 向视图。当所表示的局部视图的外形轮廓是完整封闭图形时，可以省略波浪线，如图 6-4 所示的 B 向视图。

6.1.3　斜视图

斜视图是形体向不平行于基本投影面的平面投射所得的视图。如图 6-5（b）所示，该形体具有倾斜结构，在基本投影面上既不反映实形，又不便于标注尺寸。为了表达倾斜部分的真实形状，设置一个与倾斜部分平行且与基本投影面垂直的辅助投影面（P 投影面），将该倾斜部分向辅助投影面进行投射，这样得到的视图，称为斜视图，如图 6-5（c）所示的 A 向视图。

（1）斜视图的配置与标注　斜视图通常按投影关系配置形式配置，也可将斜视图旋转配置。

斜视图应在相应的视图附近用箭头指明投射方向，并标注字母；在斜视图上方标注视图的名称"×"或"×向（旋转）视图"，如图 6-5（c）所示的"A"或如图 6-5（d）所示的"A 向（旋转）视图"。

（2）斜视图的断裂边界　斜视图只表达形体上倾斜结构的局部形状，而不需表达的部分不必画出，用波浪线断开，如图 6-5 所示的"A"向视图。

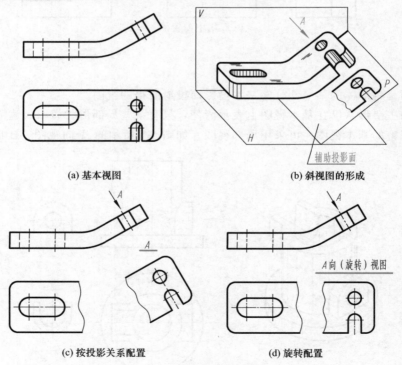

图 6-5　斜视图

6.2 剖 视 图

当形体的内部结构复杂或被遮挡的部分较多时，视图上就会出现较多的虚线，使图上虚、实线交错而混淆不清，这样既影响图形的清晰程度又不便标注尺寸，因此国家标准规定用剖视图来表达形体的内部结构。

6.2.1 剖视图的形成

假想用剖切面（平面或柱面）在形体的适当位置剖开，将处于观察者和剖切面之间的部分移去，而将剩余部分向投影面进行投射所得到的图形，称为剖视图，剖切面与形体接触的实体区域称为剖面区域。

如图 6-6（a）所示形体的两面视图，正视图中虚线较多。如图 6-6（c）所示，假想用一剖切平面 P，沿形体的前后对称位置将该形体剖开，移去 P 平面与观察者之间的前半部分，再向 V 面投射，从而得到如图 6-6（b）所示的 $A{-}A$ 剖视图。

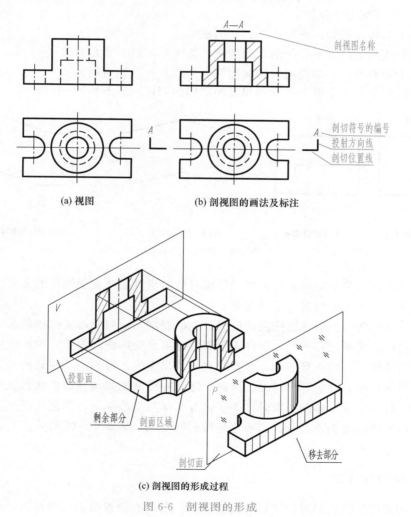

(a) 视图　　　　　　　　(b) 剖视图的画法及标注

(c) 剖视图的形成过程

图 6-6　剖视图的形成

6.2.2 剖视图的画法

（1）确定剖切位置　剖视图的剖切面位置应根据需要来确定。为了完整清晰地表达内部形状，一般情况下剖切面应平行于某一基本投影面，且尽量通过形体内部孔、洞、槽等不可见部分的中心线或对称面，必要时也可用投影面垂直面或柱面作剖切面。如图6-6所示，为了清楚地表示出正面投影中反映内部形状的虚线，采用平行于 V 面的正平面 P 沿前后对称面进行剖切。

（2）画剖切符号及注写剖视图名称　剖视图的剖切符号由剖切位置线及剖视方向线组成一直角，两者均应以粗实线绘制。剖切位置线的长度宜为6～10mm；投射方向线的长度宜为4～6mm。绘图时，剖切符号不应与图面上的图线接触，如图6-6（b）所示。

剖切符号的编号宜采用阿拉伯数字或拉丁字母，按顺序由左至右、由下至上连续编号，并水平地注写在剖视方向线的端部。转折的剖切位置线，在转折处可不标注数字或字母，若易与其他图线发生混淆时，应在转角的外侧加注与该符号相同的数字或字母，如图6-7所示。

剖视图可按下列方法标注：

① 用一个剖切面剖切，如图6-7（a）所示。

② 用两个或两个以上平行的剖切面剖切，如图6-7（b）所示。

③ 用两个或两个以上相交的剖切面剖切，如图6-7（c）所示。

④ 同时用两个或两个以上平行和相交的剖切面剖切，如图6-7（d）所示。

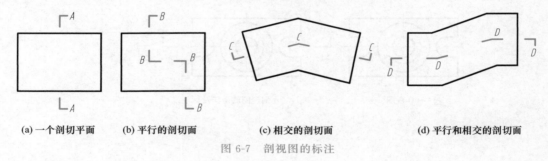

| (a) 一个剖切平面 | (b) 平行的剖切面 | (c) 相交的剖切面 | (d) 平行和相交的剖切面 |

图6-7　剖视图的标注

剖视图宜按投影关系配置在与剖切符号相对应的位置，并在剖视图的上方标注与编号对应的图名，并在图名下方绘制一条粗实线。

（3）画出剖视图　按剖视图的剖切位置，先绘制剖切面与物体实体接触部分的投影，其断面轮廓线用粗实线画出；再绘制物体未剖到部分可见轮廓线的投影，用粗实线或中实线画出；看不见的虚线，一般省略不画，必要时也可画出虚线。特别需要注意的是，剖切是假想的，实际上形体并没有被切开和移去，因此，除剖视图外的其他视图应按原状完整画出。

（4）填绘材料图例　画剖视图时，为了区分实体与空心部分，使剖视图层次分明，便于阅读，在剖面区域画出剖面符号。剖面符号与材料有关，表6-1是国家标准规定常用建筑材料的剖面符号。

6.2.3 常用的剖视图

根据剖切面的数量、相对位置以及剖切范围，常用的剖视图有全剖视图、半剖视图、局部剖视图、阶梯剖视图、旋转剖视图、复合剖视图。

表 6-1 国家标准规定常用建筑材料的剖面符号

材料名称	图　　例	说明	材料名称	图　　例	说明
自然土壤		徒手绘制	夯实土壤		45°细实线
岩基		徒手绘制	黏土		徒手绘制
沙、灰土			砂砾石、碎砖三合土		石子有棱角
石材		45°细线	干砌块石		石缝错开，空隙不涂黑
金属		45°细实线	浆砌块石		石缝错开，空隙涂黑
混凝土		封闭三角形	砂卵石砂砾石		石子无棱角
钢筋混凝土		45°细实线	木材		上图为纵断面下图为横断面
回填土			回填石渣		

（1）全剖视图　用剖切面完全地剖开形体所得的剖视图，称为全剖视图，如图 6-8 所示。

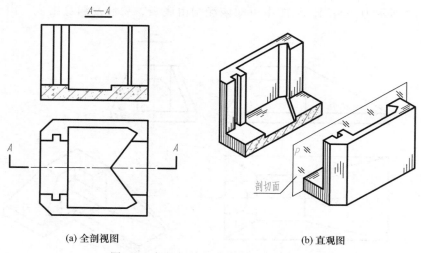

(a) 全剖视图　　　　　　　　　　　(b) 直观图

图 6-8　船闸闸首的全剖视图和直观图

全剖视图一般适用于外形简单、内部结构复杂的形体。

（2）半剖视图　当形体对称或基本对称时，在垂直于对称平面的投影面上的投影，以对称中心线为分界，一半画表示内形的剖视图，一半画表示外形的视图，这种组合而成的图形称为半剖视图，半剖视图相当于把形体切去 1/4 后的投影，图 6-9 所示为柱形基础的半剖视图和直观图。

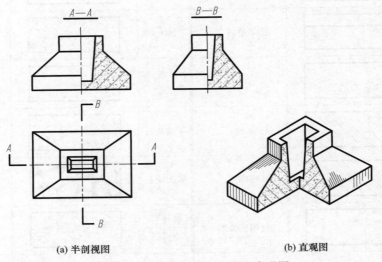

(a) 半剖视图　　　　　　　　　　(b) 直观图

图 6-9　柱形基础的半剖视图和直观图

半剖视图适用于内、外结构都比较复杂的对称形体。绘制半剖视图应注意以下几点：

① 半剖视图中，视图与剖视图应以对称线（细单点长画线）为分界线。

② 由于图形对称，对已表达清楚的内、外轮廓，在其另一半视图中就不应再画虚线，但孔、洞的轴线应画出。

③ 习惯上，当图形左右对称时，将半个剖视图画在对称线的右侧；当图形前后对称时，将半个剖视图画在对称线的前方，如图 6-9 所示。

④ 半剖视图的标注方法与全剖视图相同。

如图 6-10 所示为一涵洞。从图中可知该涵洞由底板、翼墙及洞身组成。由于涵洞前后

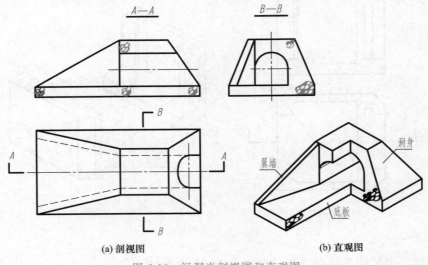

(a) 剖视图　　　　　　　　　　(b) 直观图

图 6-10　涵洞半剖视图和直观图

对称，正视图采用了 $A—A$ 全剖视图表达涵洞内部构造和各部分的相互位置。左视图采用 $B—B$ 半剖视图，其中视图部分主要表达涵洞左视方向的外形，剖视部分表达了洞身的形状。

（3）局部剖视图　用剖切面局部地剖开物体，一部分画成视图以表达外形，其余部分画成剖视图以表达内部结构，这样所得的图形称为局部剖视图。图 6-11 所示为涵管的局部剖视图，在图中假想将涵管局部剖开，从而清楚地表达涵管的结构。

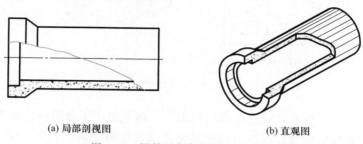

(a) 局部剖视图　　　　　　　　　　(b) 直观图

图 6-11　涵管局部剖视图和直观图

局部剖视图适用于内外结构都需要表达，且又不具备对称条件或仅局部需要剖切的形体。绘制局部剖视图应注意以下几点：

① 在局部剖视图中，视图与剖视图的分界线为细波浪线，波浪线可认为是断裂面的投影。波浪线只能画在形体的实体部分，不能超出轮廓线，也不能与图上其他图线重合或画在其他图线的延长线上。

② 当形体的轮廓线与对称中心线重合时，不宜采用半剖视图时，可采用局部剖视图来表达。如图 6-12 所示。

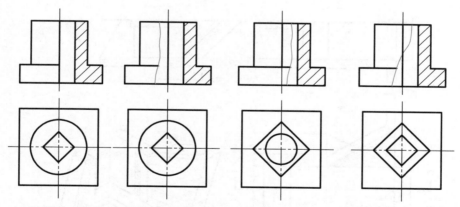

(a) 半剖视图(不正确)　(b) 内形线与对称线重合　(c) 外形线与对称线重合　(d) 内、外形线均与对称线重合

图 6-12　轮廓线与对称中心线重合时作局部剖视图

③ 局部剖视图的标注与全剖视图的标注相同，剖切位置明显时不必标注。

（4）阶梯剖视图　当用一个剖切平面不能将形体上需要表达的内部结构都剖到时，可将剖切平面转折成两个或两个以上相互平行的平面，沿需要表达的地方剖开，所得的剖视图称为阶梯剖视图。如图 6-13 所示的物体，为了表示其内部轴线不在同一个正平面内的凹槽和通孔，正视图采用阶梯剖的方法。

绘制阶梯剖视图应注意以下几点：

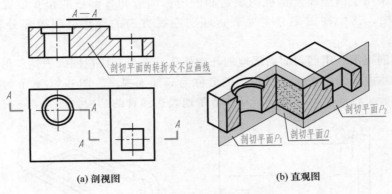

(a) 剖视图   (b) 直观图

图 6-13   阶梯剖视图和直观图

① 由于剖切面是假想的，故在阶梯剖视图中，两个剖切平面的转折处不画分界线。

② 在剖切平面的转折处，若易与图中其他图线发生混淆时，应在转角外侧加注与该符号相同的编号，如图 6-13 所示。

在水利工程制图中允许剖切平面通过建筑物的结合面（或端面），该面可按剖面处理。如图 6-14 所示为进水闸的一组剖视图和直观图。由图中可知进水闸的主要构造有渠道（直观图中被切去）、扭面体（扭面参见第 7 章）、底板、边墩、交通桥等。该进水闸前后对称，正视图采用 $A—A$ 全剖的表达方法。左视图为了表达扭面体翼墙端面及边墩、交通桥的结构，用了两个平行的剖切平面（一个沿渠道、扭面体结合面，另一个通过边墩、交通桥）将进水闸切开，得到 $B—B$ 阶梯剖视图。

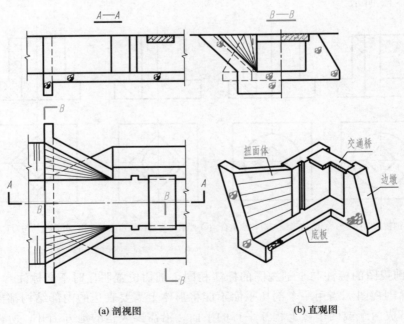

(a) 剖视图   (b) 直观图

图 6-14   进水闸剖视图和直观图

（5）旋转剖视图   当形体在不同的角度都要表达其内部构造时，假想用两个相交的剖切平面（交线垂直于基本投影面，且其中一个剖切平面与基本投影面平行）剖切形体，再将倾斜于基本投影面所剖开的部分旋转到与投影面平行后再进行投影所得到的剖视图，称为旋转剖视图。如图 6-15 所示集水井的剖视图和直观图，两根进水管的轴线是斜交的（一根平行于正平面，另一根倾斜于正平面），为了表达集水井和进水管的内部结构，用两个相交的剖切平面，沿着两根进水管的轴线把集水井"切开"，并假想将与正面倾斜的水管旋转到与正面平行后再投射，便得到 $A—A$ 旋转剖视图。绘制旋转剖视图时，不应画出两相交剖切平面的交线。由于集水井两根进水管不在同一个水平面，因此俯视图采用 $B—B$ 阶梯剖视。

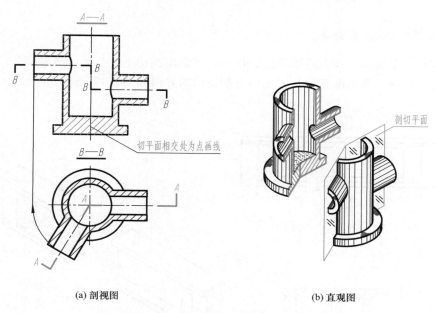

(a) 剖视图   (b) 直观图

图 6-15　集水井剖视图和直观图

（6）复合剖视图　复合剖视图是除阶梯剖视图、旋转剖视图外，用几个剖切面剖开物体所得的剖视图。图 6-16 为混凝土坝内廊道剖视图，在俯视方向为了表达台阶和它的两端部

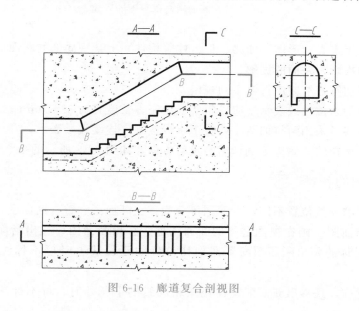

图 6-16　廊道复合剖视图

分廊道，用了三个剖切平面（两个水平面和一个正垂面）剖开坝体，即得复合剖视图 B—B。画复合剖视图时，倾斜的剖切平面可以旋转到与投影面平行后再进行投影，也可以直接按投影关系画出。图 6-16 是直接按投影关系画出的。复合剖视图的标注与阶梯剖视图和旋转剖视图的标注基本相同。但展开画时，图名加注"展开"。

6.3 断 面 图

6.3.1 断面图的基本概念

假想用剖切平面将形体在适当的位置切开，仅画出剖切平面与形体接触部分即截断面的形状，所得到的图形称为断面图。断面图与剖视图的异同如图 6-17 所示。

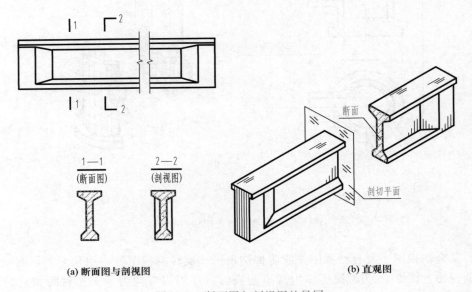

(a) 断面图与剖视图　　　　　　　　　(b) 直观图

图 6-17　断面图与剖视图的异同

断面图主要用来表示形体（如梁、板、柱等构件）上某一局部的断面形状，是形体被剖切后断面形状的投影，是面的投影。

断面图的剖切符号绘制应符合下列规定：

剖切符号用剖切位置线表示，应以粗实线绘制，长度宜为 5~10mm。

剖切符号的编号采用阿拉伯数字或拉丁字母按顺序连续编号表示，并应注写在剖切位置线的一侧；编号所在的一侧应为剖切后的投射方向，如图 6-17 所示的 1—1 断面图。

6.3.2 断面图的种类

根据断面图的安放位置不同，断面图可分为移出断面图和重合断面图。

（1）移出断面图　画在视图之外的断面图称为移出断面图，移出断面图的轮廓线用粗实线绘制。当对称的移出断面图配置在剖切位置的延长线上时可不标注，如图 6-18（a）所示。

断面图形对称，且移出断面配置在视图轮廓线的中断处时，可不标注，如图 6-18（b）

所示。

断面图形不对称，应在剖切符号两端绘制粗实线表示投射方向，如图 6-18（c）所示。

移出断面配置在图纸其他位置，应在断面图的上方标注断面符号，如图 6-18（d）所示。

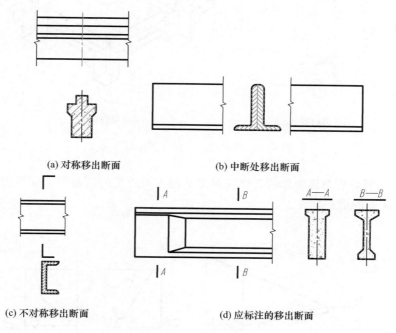

图 6-18　移出断面图

（2）重合断面图　画在视图轮廓线之内的断面图称为重合断面图，重合断面图的轮廓线用细实线绘制。

视图中的轮廓线与重合断面的图形重叠时，视图中的轮廓线应完整地画出，不能间断。

对称的重合断面可不标注，如图 6-19（a）所示；不对称的重合断面应标注剖切位置，并用粗实线表示投射方向，可不标注字母，如图 6-19（b）所示。

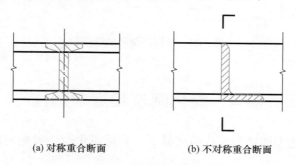

图 6-19　重合断面图

梁板的断面图画在其结构平面布置图内的，断面涂黑，可不标注剖切位置和投射方向。图 6-20 所示为楼面的重合断面图，它将断面图（图中涂黑部分）画在了平面图上。该重合断面图是假想用一个侧平面剖切楼面后，再将截断面旋转 90°，与基本视图重合后形成的。

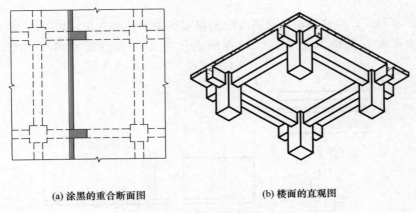

(a) 涂黑的重合断面图   (b) 楼面的直观图

图 6-20 楼面的重合断面图和直观图

用一个公共剖切平面将物体切开得到两个不同方向投影的断面图，应按图 6-21 中 $B—B$ 断面和 $C—C$ 断面的形式标注。

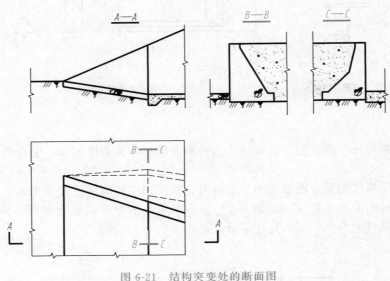

图 6-21 结构突变处的断面图

6.4 简化画法和规定画法

在完整清晰地表达形体结构形状的前提下，采用简化画法或规定画法，可使绘图简便，提高工作效率。

6.4.1 简化画法

（1）对称图形简化画法 构配件的对称图形，可以对称线为分界，只绘制该图形的一半或 1/4，并绘制出对称符号，如图 6-22（a）所示，对称符号由对称线和两端的两对平行线组成。对称线用细单点长画线绘制；平行线用细实线绘制，其长度宜为 6～10mm，间距宜为 2~3mm；对称线垂直平分两对平行线，两端超出平行线应为 2~3mm。当视图对称时，也可画出略大于一半并以波浪线为界线的视图，如图 6-22（b）所示杯形基础。

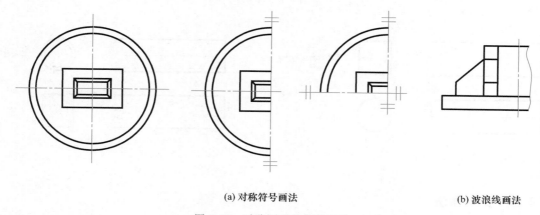

(a) 对称符号画法   (b) 波浪线画法

图 6-22　对称图形的简化画法

（2）相同要素的简化画法　当形体内有多个完全相同且连续排列的构造要素时，可仅在两端或适当位置画出其完整图形，其余部分以中心线或中心线交点表示，并标注相同要素的数量，如图 6-23（a）所示。均匀分布的相同构造，可只标注其中一个构造图形的尺寸，构造间的相对距离用"间距数量×间距尺寸数值"的方式标注，如图 6-23（b）所示。

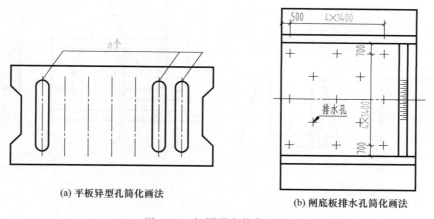

(a) 平板异型孔简化画法   (b) 闸底板排水孔简化画法

图 6-23　相同要素简化画法

（3）断开图形简化画法　长度方向相同或按一定规律变化的较长构件，可断开绘制，只画出物体的两端，在断开处以折断线表示，但尺寸应按总长标注，如图 6-24 所示。

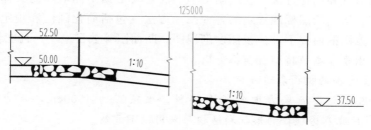

图 6-24　断开图形简化画法

（4）折断图形简化画法　当只需表达形体某一部分的形状时，可假想将不要的部分折断，只画出需要的部分，并在折断处画出折断线。不同材料的形体，折断线的画法如图6-25所示。

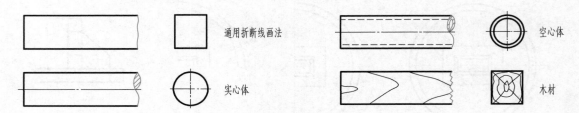

通用折断线画法

空心体

实心体

木材

图 6-25　折断图形简化画法

6.4.2　规定画法

① 在画剖视图、断面图时，如剖面区域比较大，允许沿着断面区域的轮廓线或某一局部画出部分剖面材料符号，如图 6-26 所示。

② 对于构件上的支撑板、肋板等薄壁结构和实心的轴、杆、柱、桩、梁等，当剖切平面平行其轴线、中心线或平行薄板结构的板面时，其断面图可不画材料图例，而用粗实线将其与邻接部分分开，如图 6-27 所示。

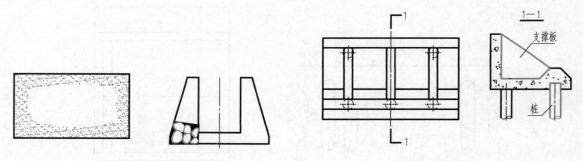

支撑板

桩

图 6-26　较大面积的剖面材料符号画法　　　　图 6-27　支撑板、桩可不画材料图例

6.5　综合运用举例

前面讨论了形体内外形状的各种表达方法，包括各种视图、剖视图和断面图等，着重说明其形成、应用条件和标注方法。在绘制工程图时，要根据不同形体的具体结构形状特点，正确、灵活地综合运用制图标准规定绘的各种图示方法（包括简化画法和规定画法等），以便在准确表达设计意图的前提下，使视图、剖视图、断面图等数目最少，且能将物体完整、清晰、简明地表达出来。本节将结合实例分析。

【例 6-1】　重力坝的视图表达分析。

图 6-28 为混凝土宽缝重力坝的一个坝段。坝顶宽为 1800cm，长为 3700cm，高为 4300cm。为了清楚地表达坝段的形状和结构，采用以下方案。

正视方向作 A—A 全剖视图，剖切平面为正平面，剖切位置与坝段的中心线重合。通过这样剖切，较清楚地表达出下部宽缝和上部拱形结构的情况。同时，还表达出各个部位混凝土的厚度。在 $A—A$ 剖视图中画出了上游坝坡面的虚线，这是为了更清楚地表达上游坝坡面在高程 142.0m 以下不是一整块平面，而是由一个正垂面和两个一般位置平面所组成。在 $A—A$ 剖视图中还用双点画线画出设计时坝的三角形基本剖面。

俯视方向上为了同时表达外形和内部结构，对于有对称线（坝段中心线）的平面图来说，可以作半剖视图。在这里我们介绍一下，水利工程制图中对于这类坝段，在俯视方向往往不采用半剖视图，而对同一个坝段画出它的两个图样，一个是平面图，另一个是 $B—B$ 全剖视图，把这两个图样拼画在一起，并使它们的坝轴线重合在一条直线上，它们之间用点画线分界（也有的水利工程制图中把它看作坝段的分缝线，用实线分界）。这样较清楚地表达了坝段外形和内部结构的情况。对于 $B—B$ 剖视图为了表达下游面混凝土的厚度，把水平剖切平面的剖切位置选取在高程 126.0m 以下。在 $B—B$ 剖视图中画出了必要的虚线，以表宽缝的总长。俯视图主要表达坝段的外部形状，并且由于 $A—A$ 和 $B—B$ 两个剖视图较清楚地表达了坝段的内部形状和结构，因此俯视图中一般不画虚线。

左视方向上几个图样的画法与俯视图类似，即画出了三个图样，一是上游立面图，二是下游立面图，三是 $C—C$ 阶梯剖视图，它们之间用点画线分界。上、下游立面图中一般不画虚线。$C—C$ 阶梯剖视图用了两个侧平面剖切，一个剖切平面与高程为 148.0m 的廊道中心线重合。另一个剖切平面与高程为 128.0m 的廊道中心线重合。这样，在 $C—C$ 剖视图中把两个高程不同，中心线不重合的廊道同时表达出来。同时，宽缝也表达出来了。

为了表达坝段上部拱形结构的平面形状和尺寸，还作了 $D—D$ 移出断面图。

通过以上所画的视图、剖视图和断面图，较清晰、完善地表达宽缝重力坝坝段的形状和结构。

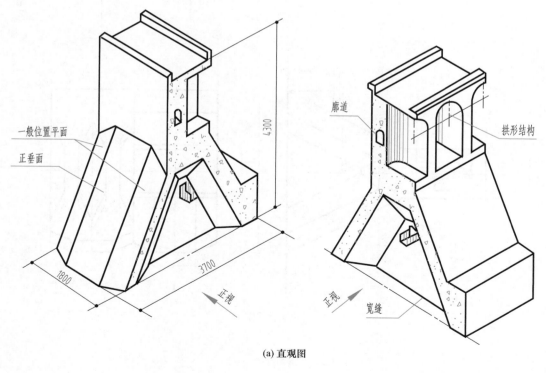

(a) 直观图

图 6-28

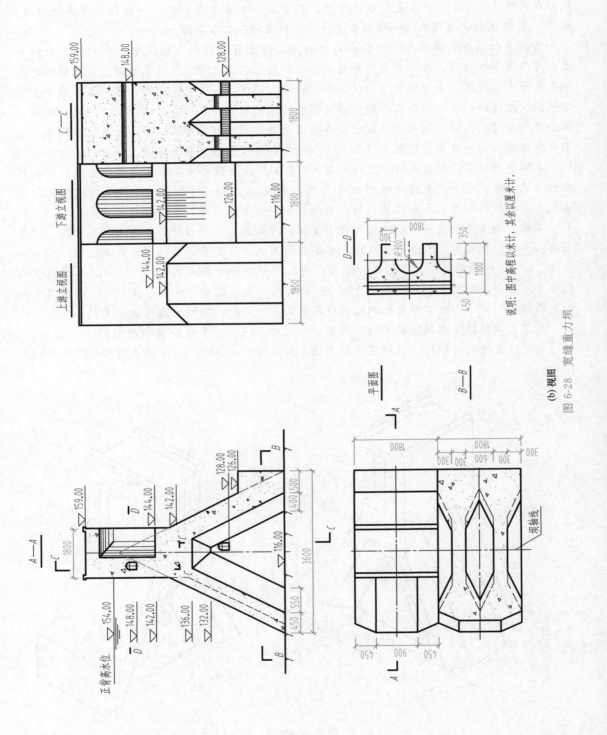

说明：图中高程以米计，其余以厘米计。

(b) 视图

图 6-28　宽缝重力坝

【例 6-2】 涵洞的视图表达分析。

视图表达分析：

如图 6-29（b）所示为涵洞的直观图。涵洞系过水建筑物，其各部分的名称、结构、材料如图 6-29 所示。

① 涵洞按工作位置放置，水流自左向右。

② 采用的视图包括剖视图、平面图、A—A 和 C 向局部视图、移出断面 B—B。其中剖视图采用全剖、A—A 采用半剖，如图 6-29（a）所示。

③ 剖视图着重表达洞身、底板的内部结构形状及材料。A—A 半剖视图除表达进口段底板、翼墙和胸墙的立面外形外，还表达洞身的形状特征。平面图表达平面布置情况。C 向局部视图表达底板凹槽的形状。B—B 断面图表达翼墙的断面形状及材料。

读图：

① 识读视图，了解涵洞各部分的结构形状。

a. 底板：由剖视图、A—A、平面图和 C 向局部视图可知。

b. 洞身：以 A—A 为主，结合剖视图和平面图进行识读。

c. 翼墙：平面图表达其平面布置形式，剖视图、A—A 表达立面外形，B—B 表达断面形状及材料。

d. 胸墙：由三个基本视图表达。

② 综合成整体。以剖视图和平面图为主，分析各部分的相对位置，想象涵洞的结构形状为：底板在下，是涵洞的基础，其上自左向右依次为八字形翼墙、胸墙和拱形洞身，如图 6-29（b）所示。

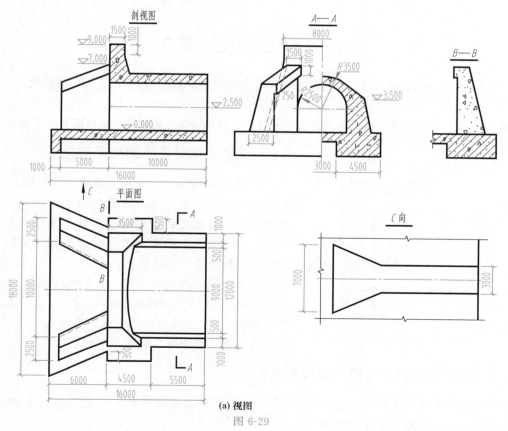

(a) 视图

图 6-29

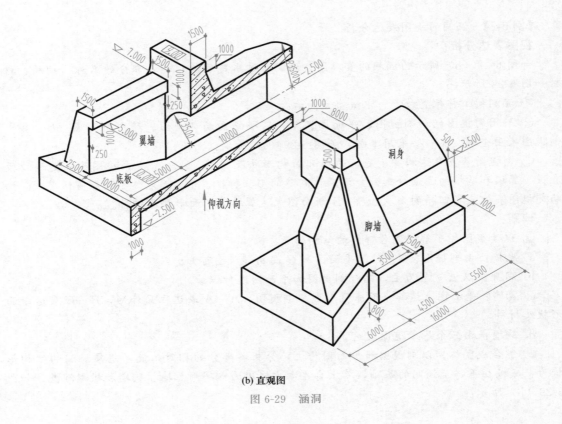

(b) 直观图

图 6-29　涵洞

6.6　第三角投影简介

《技术制图　投影法》（GB/T 14692—2008）规定："技术图样应采用正投影法绘制，并优先采用第一角画法。""必要时才允许使用第三角画法"。但一些国家如美国、英国、加拿大、日本等则采用第三角画法。为了有效地进行国际的技术交流和协作，应对第三角画法有所了解。

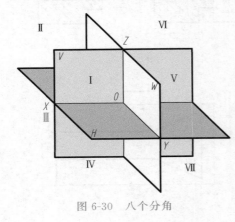

图 6-30　八个分角

6.6.1　第三角投影法的视图形成

如图 6-30 所示，三个相互垂直的投影面 V、H、W 将空间分为八个分角。如图 6-30（a）所示，将形体置于第三分角之内，即投影面处于观察者与形体之间，分别向三个投影面进行投射得到三面投影图的方法，称为第三角投影法。

三个投影面的展开方法为：V 面不动，H 面绕 X 轴向上转 90°，W 面绕 Z 轴向右转 90°，三视图的位置如图 6-31（b）所示，三视图之间仍符合"长对正、高平齐、宽相等"的投影规律。

6.6.2　第三角投影法与第一角投影法的区别

（1）投影面与形体的相对位置不同　第一角投影法是将形体置于 V 面之前、H 面之上；而第三角投影法是将形体置于 V 面之后、H 面之下。

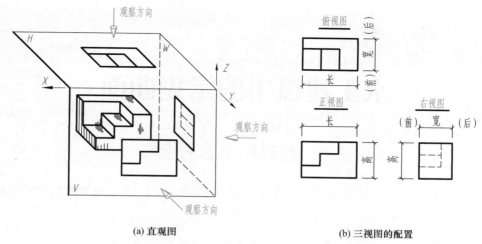

(a) 直观图   (b) 三视图的配置

图 6-31　第三角投影中三视图的形成

（2）观察者、形体与投影面的相对位置不同　第一角投影法的投射顺序是：观察者—形体—投影面。而第三角投影法的投射顺序则是：观察者—投影面—形体，这种画法假设投影面是透明的。

（3）视图的排列位置不同　第一角投影法中 H 投影在 V 投影的下方，W 投影在 V 投影的右方；而第三角投影法中 H 投影在 V 投影的上方，W 投影在 V 投影的右方，如图 6-31 所示。

6.6.3　第三角投影法的标志

国家标准（GB/T 14692—2008）中规定，采用第三角投影法时，必须在图样中画出第三角投影的识别符号，而采用第一角投影法时，如有必要亦可画出第一角投影的识别符号，如图 6-32 所示。

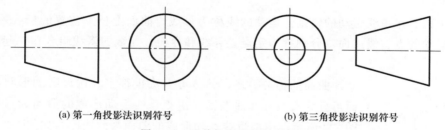

(a) 第一角投影法识别符号   (b) 第三角投影法识别符号

图 6-32　两种投影法的识别符号

复习思考题

1. 视图有哪些表达方式？这些表达方式的特点是什么？
2. 剖视图和断面图是怎样形成的，它们的主要区别有哪些？
3. 用剖视、断面表示物体的形状时，剖面材料符号应画于何处？要注意哪些问题？采用剖视、断面画视图时，如何处理不可见轮廓线？
4. 剖视图与断面图怎样标注？这两种图的标注有何区别？省略标注的原则是什么？
5. 试说明第一角投影法与第三角投影法的相同与不同。

第7章
水工建筑中的常见曲面

7.1 曲面和曲面的投影

为了改善水流条件或受力状况，以及节省建筑材料等目的，水工建筑物的某些表面往往做成曲面，如图 7-1 所示。

(a) 拱坝

(b) 水闸

图 7-1　水工建筑物

曲面可以看作是线运动的轨迹。运动的线称为母线，曲面上任意位置的母线称为素线。控制母线运动的点、线或面，分别称为定点、导线和导面，无数的素线组合在一起就形成了曲面。

图 7-2　直线面

曲面的种类很多，其分类方法也很多。按母线的形状不同，曲面可分为直线面和曲线面。由直母线运动形成的曲面为直线面，如图 7-2 所示；由曲母线运动形成的曲面为曲线面，如图 7-3 所示。

本节只介绍工程实践中最常见的直线面。直线面可分为可展直线面和不可展直线面。曲面上任意相邻两素线是平行或相交直线的曲面，称为可展直线面；曲面上任意相邻两素线是彼此交叉直线的曲面，称为不可展曲面。

绘制曲面的投影时，一般先画出形成曲面的导线、导面、定点以及母线等几何元素的投影。为了使图形表达清晰，通常需要画出曲面边界的投影（实际曲面是有范围的）和外形轮廓线的投影。为了增强表达效果，在工程图中还要画出若干素线的投影。曲面视图可用曲面上的素线或截面法表达曲面，素线和截交线用细实线绘制，如图 7-4 所示。

图 7-3 曲线面

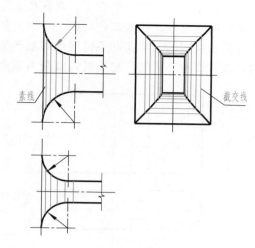

图 7-4 曲面画法

7.2 可展直线面

7.2.1 柱面

由直母线沿曲导线移动，且始终平行于一直导线，所形成的曲面称为柱面。如图 7-5 所示，直母线 AA_1 沿曲导线 AB 移动，且始终平行于直导线 MN，形成柱面，柱面的所有素线互相平行。

垂直于柱面素线的截面称为正截面。通常以垂直于柱面轴线的正截面与柱面相交所得截交线的形状来区分各种不同的柱面。若截交线为圆，称为圆柱面，如图 7-6（a）所示；若截交线为椭圆，则称为椭圆柱面，如图 7-6（b）所示。

图 7-6（c）中的柱面，用正截面截切产生的截交线形状为椭圆，这种柱面为椭圆柱面，又因它的轴线与柱底面倾斜，称为斜椭圆柱面。

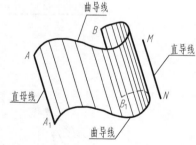

图 7-5 柱面的形成

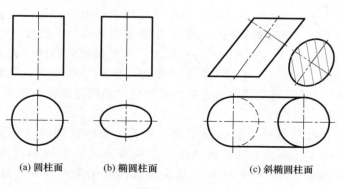

(a) 圆柱面　　　(b) 椭圆柱面　　　(c) 斜椭圆柱面

图 7-6 柱面

在工程图中，为了便于看图，常在柱面无积聚的投影上画出平行柱轴线由密到疏（或由疏到密）的直素线。线的疏密间距，原则上是由曲面的垂直截面积聚投影等分后，向相应视图进行投影决定的，但实际不需要绝对地严格绘制。如图7-7所示闸墩和溢流坝的曲面就是柱面，疏密线愈靠近转向轮廓线，其距离就愈密，愈靠近轴线则愈稀。

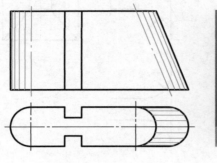

(a) 闸墩

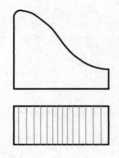

(b) 溢流坝

图 7-7　柱面的应用

7.2.2　锥面

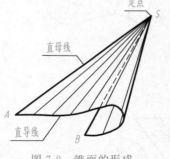

图 7-8　锥面的形成

由直母线沿曲导线运动，且运动过程中始终通过一定点，所形成的曲面称为锥面，如图7-8所示，直母线 SA 沿曲导线 AB 运动，且运动过程中始终通过定点 S 形成锥面。锥面的所有素线都通过锥顶。

当锥面有两个或两个以上对称面时，它们的交线为锥面的轴线。若垂直于轴线的截面（正截面）为圆时称为圆锥面，如图7-9（a）所示；若正截面为椭圆时称为椭圆锥面，如图7-9（b）所示。如图7-9（c）所示为一斜椭圆锥面，曲导线为水平圆，定点为 S，顶点与底圆圆心连线为正平线，轴线为锥顶的角平分线，其正截面为椭圆，水平截面为圆。

工程应用中，在反映轴线实长的视图中可用若干条由密到疏（或由疏到密）的直素线表示，如图7-10（a）所示叉管锥面画法；反映锥形墩头的视图可用若干条均匀的放射状直素线表示，如图7-10（b）所示；渠道护坡用若干条示坡线表示，如图7-10（c）所示。

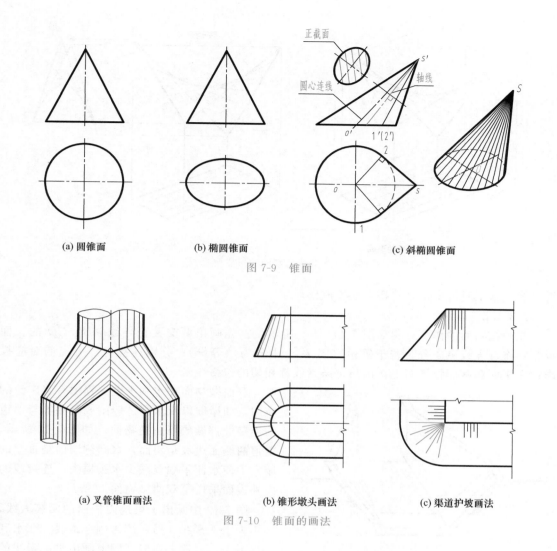

(a) 圆锥面　　　　　　　(b) 椭圆锥面　　　　　　　(c) 斜椭圆锥面

图 7-9　锥面

(a) 叉管锥面画法　　　　　(b) 锥形墩头画法　　　　　(c) 渠道护坡画法

图 7-10　锥面的画法

7.3　不可展直线面

7.3.1　双曲抛物面

7.3.1.1　形成

一直母线沿两交叉直导线运动，且运动过程中始终平行于一导平面，所形成的曲面称为双曲抛物面。如图 7-11 （a） 所示，直母线 AC 沿交叉直导线 AB、CD 移动，且始终平行于导平面 P，形成双曲抛物面，该双曲抛物面也可以看成是直母线 AB 沿交叉直导线 AC、BD 运动，且始终平行于导平面 Q 所形成的曲面。

同一双曲抛物面有两种形成方法，且形成原理相同。因此，双曲抛物面上存在两个导平面和两簇素线，两个导平面的交线为双曲抛物面的法线。过法线的平面与双曲抛物面相交，截交线为抛物线；垂直于法线的平面与双曲抛物面相交，截交线为双曲线，因此这种曲面称为双曲抛物面，在工程中也称为扭面。由扭面的形成可知，用平行于导平面的平面截切必截

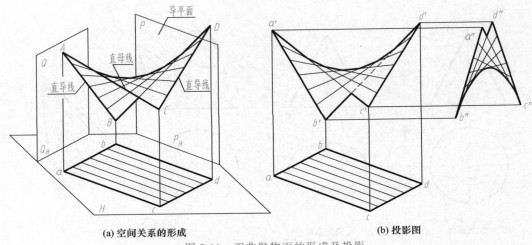

| (a) 空间关系的形成 | (b) 投影图 |

图 7-11　双曲抛物面的形成及投影

得直线，施工时可根据这一特点立模放样。

7.3.1.2　画法

　　双曲抛物面的作图过程如图 7-11（b）所示：首先画出两交叉直导线 AB、CD 的三面投影；将直导线 AB 分为若干等份（图 7-11 中分为六等份）；分别连接各等分点的对应投影；在正面和侧面投影图上作出与每条素线都相切的包络线。

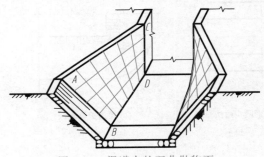

图 7-12　渠道中的双曲抛物面

　　双曲抛物面在水利水电工程中有着广泛的应用，如岸坡以及水闸、船闸或渡槽等与渠道的连接处都做成双曲抛物面。如图 7-12 所示，渠道两侧面边坡是斜面，水闸侧墙面是直立的墙，为使水流平顺及减少水头损失，连接段的内外表面采用了双曲抛物面。

　　图 7-13 中画出了渠道内扭面的两簇素线，一簇为水平素线，另一簇为侧平素线。在水利工程图中，习惯上在俯视图上画出水平素线的投影，在左视图上画出侧平素线的投影，在正视图上画出相应素线或不画素线，只写"扭曲面"或"扭面"，如图 7-14 所示。

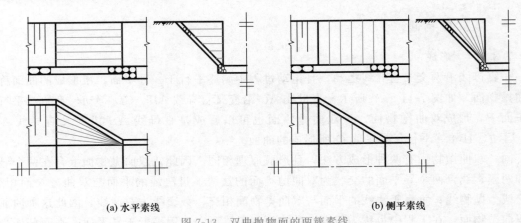

| (a) 水平素线 | (b) 侧平素线 |

图 7-13　双曲抛物面的两簇素线

7.3.1.3　扭面段断面图的画法

【例7-1】　求如图7-14所示建筑物扭面段的断面图 M—M。

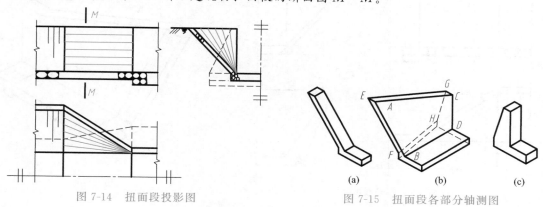

图 7-14　扭面段投影图　　　　　图 7-15　扭面段各部分轴测图

解：

（1）首先读图　读图的方法和步骤与组合体读图相同。用形体分析法分解得各部分的形状如图7-15所示。其中图7-15（a）是梯形渠道，图7-15（b）是翼墙过渡段，图7-15（c）是断面为矩形的建筑物。

如图7-15（b）所示，翼墙过渡段由扭曲面翼墙及底板构成。扭曲面翼墙由梯形端面 $CDGH$、平行四边形端面 $ABFE$、内扭曲面 $ABDC$、外扭曲面 $EFHG$、顶面 $ACGE$、底面 $BDHF$ 6个面组成，起控制作用的是翼墙左右两个端面的形状和位置。画图时先画扭曲面翼墙的左右两端面，再画内、外扭曲面。外扭曲面 GH、FH 两条直线在俯视图、左视图中画成虚线，看不见的素线一律不画。读扭面渐变段中迎水扭面和背水扭面时，应分别找出它们在三视图中的投影，如图7-16、图7-17所示。

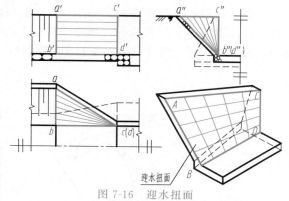

图 7-16　迎水扭面

（2）作扭面段的断面图　求图7-18中的断面图 M—M，就是求剖切平面与扭面段的交线Ⅰ～Ⅶ所围成的平面图形的实形。因剖切平面是侧平面，断面实形反映在左视图中，剖切平面与迎、背水扭面的交线必为直线，只需求出断面上各点的侧面投影，然后相连即得。

作图步骤如下

① 在正视图和俯视图中用细实线作剖切位置线，并在剖切线上标出与轴测图相对应的字母 $1'$、$2'$、$3'$…和 1、2、3…，再根据点的投影规律求出 $1''$、$2''$、$3''$…。

② 连接 $1''$、$2''$、$3''$…各点，绘制材料图例，即得 M—M 断面图。M—M

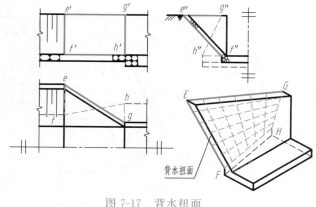

图 7-17　背水扭面

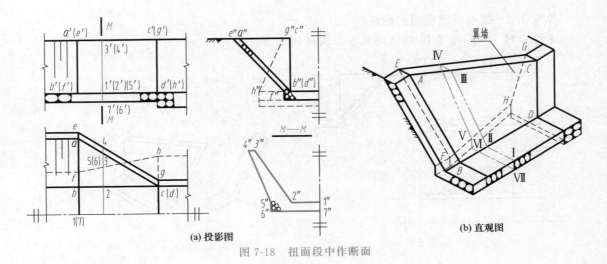

(a) 投影图　　　　　　　　　　　　　　　　　　　　　　(b) 直观图

图 7-18　扭面段中作断面

断面也可以不在左视图中而直接在适当位置作出，如图 7-18（a）所示。

7.3.2　柱状面

一直母线沿着两条曲导线弧运动，且运动过程中始终平行于一导平面，所形成的曲面称为柱状面。如图 7-19（a）所示，一直母线 AC 沿着曲导线弧 AB 和 CD 运动，且始终平行于导平面 P，形成柱状面。当导平面 P 平行于 W 面时，该柱状面的投影如图 7-19（b）所示。

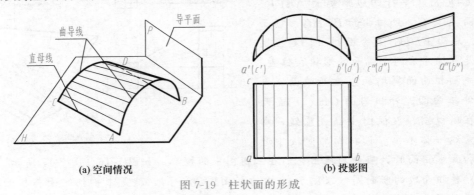

(a) 空间情况　　　　　　　　　　　(b) 投影图

图 7-19　柱状面的形成

如图 7-20 所示为柱状面在桥墩与拱门中的应用。

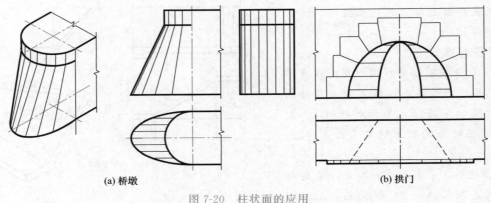

(a) 桥墩　　　　　　　　　　　　　　　(b) 拱门

图 7-20　柱状面的应用

柱状面在工程上称为扭柱面，扭柱面渐变段的画法如图7-21所示。

7.3.3 锥状面

一直母线沿着一直导线和一曲导线运动，且在运动过程中始终平行于一个导平面，所形成的曲面称为锥状面。如图7-22（a）所示，直母线 AC 沿着直导线 CD 和曲导线 AB 运动，且在运动过程中始终平行于导平面 P，形成锥状面。当导平面 P 平行于 W 面时，该锥状面的投影如图7-22（b）所示。

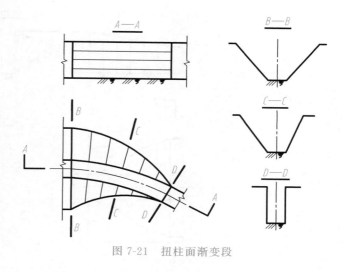

图 7-21　扭柱面渐变段

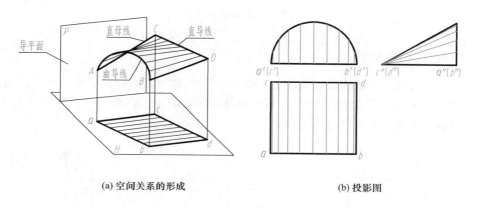

(a) 空间关系的形成　　　　　　　(b) 投影图

图 7-22　锥状面的形成和投影

如图7-23所示为锥状面在屋顶、桥台护坡与堤坝中的应用。

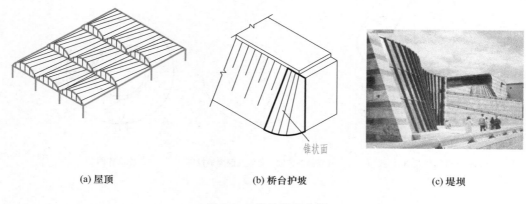

(a) 屋顶　　　　　　(b) 桥台护坡　　　　　　(c) 堤坝

图 7-23　锥状面的应用

锥状面在工程上称为扭锥面，扭锥面渐变段的画法如图7-24所示。

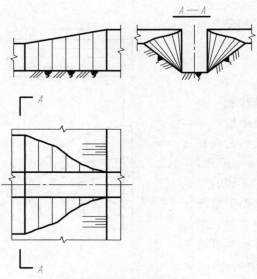

图 7-24　扭锥面渐变段

7.3.4　单叶回转双曲面

一直母线绕与其交叉的直线（旋转轴）旋转，所形成的曲面称为单叶回转双曲面。如图 7-25（a）所示，母线 AB 绕轴线旋转，形成单叶回转双曲面。该面上相邻素线为交叉直线，直母线上距旋转轴最近点的轨迹为喉圆。

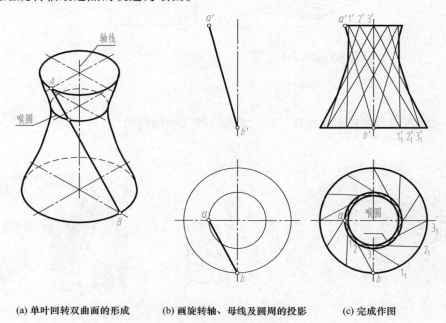

(a) 单叶回转双曲面的形成　　(b) 画旋转轴、母线及圆周的投影　　(c) 完成作图

图 7-25　单叶回转双曲面的形成

单叶回转双曲面的画法如图 7-25（b）和（c）所示：先画出铅垂旋转轴、母线 AB 及回转圆周的投影；将回转圆周自 A、B 两点开始分成相同的等份，将对应各等分点的同面投影用直线连接，即得各素线的投影，如 11_1、22_1、33_1…；作出这些素线正面投影的包络

线——双曲线，以及各素线水平投影的包络线——喉圆，即完成作图。

如图 7-26 所示为单叶回转双曲面在电视塔和水塔中的应用。

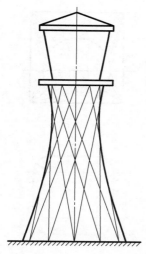

图 7-26　单叶回转双曲面在电视塔和水塔中的应用

7.4　组　合　面

水工建筑物中某些局部结构的表面常由几种曲面和平面相交或相切组合而成，这种表面称为组合面。

如图 7-27 所示，在水利工程引水发电系统中，洞身通常设计成圆形断面，而在进、出口处为了安装闸门（检修闸门、工作闸门）需要，往往设计成矩形断面，在矩形断面和圆形断面之间，为使水流平顺过渡常用一个由矩形逐渐变化成圆形的过渡段来连接，这个过渡段的表面称为方圆渐变面。

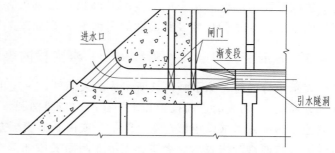

图 7-27　引水发电系统入口渐变段过渡

7.4.1　表面分析

渐变面的表面是由四个三角形平面和四个部分斜椭圆锥面组成。矩形的四个角就是四部分斜椭圆锥面的顶点，圆周的四段圆弧就是斜椭圆锥面的底面圆。矩形的每个边为三角形平面的底边，圆周的四个象限点为三角形平面的顶点。四个三角形平面与四部分斜椭圆锥面平滑相切而无分界线，如图 7-28 所示。

7.4.2　方圆渐变段的断面

在施工中，一般需要在组合面中间每隔一定距离取适当的断面，断面的高度和宽度要根据剖切位置确定。因此，方圆渐变面一般用三视图和必要的断面图来表示。在矩形断面和圆形断面之间的断面图都是带圆角的矩形，在同一位置的断面图中的四个圆弧的半径总是相等的。

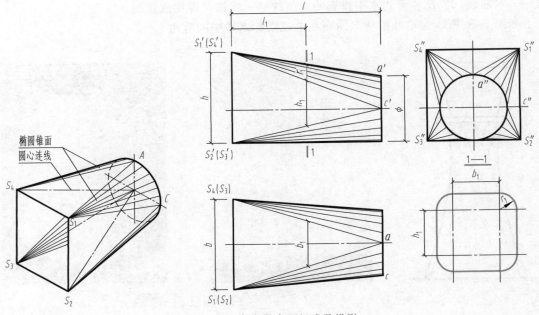

图 7-28　渐变段表面组成及投影

圆角的半径大小 r_1 及直线段的长度 h_1、b_1 都随剖切位置不同而变化。根据相似三角形对应边，可得到如下关系：

$$\frac{h_1}{h}=\frac{l-l_1}{l} \qquad \frac{b_1}{b}=\frac{l-l_1}{l} \qquad \frac{r_1}{\phi/2}=\frac{l_1}{l}$$

绘制断面图应根据 b_1、h_1 先定圆心画出 4 段圆弧，然后画出 4 条公切线，并在断面图上注明 b_1、h_1、r_1 的尺寸及断面图的名称 1—1，如图 7-28 所示。

7.4.3　方形变圆形（或圆形变方形）渐变段的表示法

表示组合面时，除了画出其所组成的表面外，一般用细实线画出斜椭圆锥面与平面的切线（分界线）。切线的正面投影和水平投影均与斜椭圆锥面的圆心连线的投影重合。为了更形象地表达由方形（或矩形）变至圆形，或由圆形变至方形（或矩形）的方圆渐变段，可用素线法或截面素线法表示。素线法表示方圆渐变段如图 7-29（a）所示。截面素线法表示方

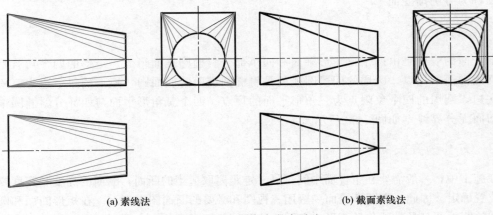

(a) 素线法　　　　　　　　　　　　　　　(b) 截面素线法

图 7-29　方圆渐变段表示法

圆渐变段如图 7-29（b）所示。

图 7-30 是电站厂房尾水管的立体图，它是由斜椭圆锥面、一般位置平面、圆环面、水平轴圆柱面、铅垂轴圆柱面以及其他平面组成。

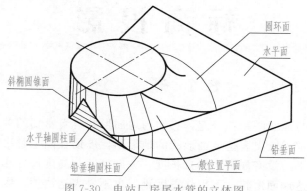

图 7-30　电站厂房尾水管的立体图

复习思考题

1. 什么叫作斜椭圆柱面？它的正截面和水平截面是什么形状的？
2. 什么叫作斜椭圆锥面？如何求出它的轴线？
3. 什么叫作锥状面？什么叫作柱状面？
4. 双曲抛物面是如何形成的？投影如何表达？如何在扭面段上取断面？
5. 柱状面、锥状面及双曲抛物面之间有何内在联系与不同点？
6. 方圆渐变面的应用场合有哪些？如何绘制其断面图？

第8章

标 高 投 影

8.1 概　述

工程建筑物通常与地面联系在一起，它们与地面形状有着密切的关系。因此，在建筑物的设计与施工中，常常需绘出表达地面形状的地形图，以便在图上解决有关工程问题。但地面形状复杂，高低不平，没有规则，而且长度、宽度尺寸与高度尺寸相比要大得多，如果仍采用多面正投影来表达地面形状，不仅作图困难，也不易表达清楚。因此，本章将研究一种新的图示方法——标高投影法，标高投影法是表达地面以及复杂曲面的常用投影方法。

假想用一组相互平行且等距的水平面与地面截交，所得的每条截交线都为水平曲线，其上每一点距水平基准面 H 的高度都相等，这些水平曲线称为等高线。一组标有高度数字的地形等高线的水平正投影，能清楚地表达地面起伏变化的情况。将所有等高线向水平基准面 H 作正投影，并注写相应的高度数值，所得的投影图称为标高投影图，简称标高投影，如图 8-1 所示。

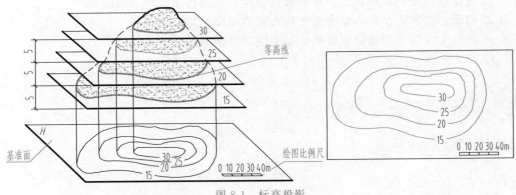

图 8-1　标高投影

这种用形体的水平投影加注其高度数值相结合表达空间形体的方法称为标高投影法。在标高投影图中，高度数值称为高程，单位为米（m），且一般不需标注，但必须画出绘图比例尺或注明绘图比例。标高投影为单面投影，但有时也需利用铅垂面上的辅助投影来帮助解决某些问题。标高投影图中的基准面一般为水平面，水利工程中通常采用国家统一规定的水准零点作为基准面，所得标高为绝对标高。

8.1.1　点的标高投影

空间点的标高投影，就是点在 H 面的正投影加注点的高程。规定：水平基准面 H 的高程为零，基准面以上的高程为正值，基准面以下的高程为负值。如图 8-2 所示，已知空间点 A 在 H 面上方 5m，其标高投影记为 a_5，点 B 在 H 面上，其标高投影记为 b_0，点 C 在 H 面下方 3m，其标高投影记为 c_{-3}。

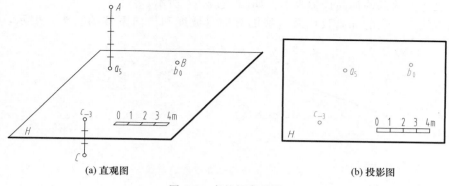

(a) 直观图　　　　　　　　　　(b) 投影图

图 8-2　点的标高投影

8.1.2　直线的标高投影

直线的标高投影可由直线上任意两点的标高投影连线而成，如图 8-3 所示。

8.1.2.1　直线的坡度与平距

直线上任意两点的高差与其水平距离之比称为该直线的坡度，记作"i"。图 8-3（a）中，AB 两点的高度差为 H，其水平距离为 L，AB 直线对 H 面的倾角为 α，则得：

$$i=\frac{H}{L}=\tan\alpha=\frac{3}{6}=\frac{1}{2} \quad \text{记作}\ i=1:2$$

即当直线 AB 上两点间的水平距离为 1 个单位（1m）时，两点间的高度差 1：2（1/2）即为坡度，坡度大小反映了该直线对水平面倾角的大小。

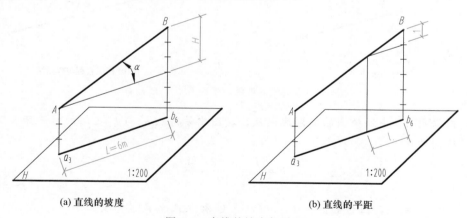

(a) 直线的坡度　　　　　　　　　　(b) 直线的平距

图 8-3　直线的坡度与平距

当直线上两点的高差为 1 个单位时的水平距离称为该直线的平距，记作"l"，即：

$$l=\frac{1}{i}=\frac{L}{H}=\cot\alpha$$

图 8-3（b）中，直线 AB 的坡度为 1：2，则平距为 2，即当直线 AB 上两点的高度差为 1m 时，其水平距离为 2m。由此可见：平距与坡度互为倒数，坡度大则平距小；坡度小则平距大。

8.1.2.2　直线的标高投影表示法

直线的标高投影表示法有以下两种：

① 用直线上两点的标高投影表示，如图 8-4（a）所示。

② 用直线上一点的标高投影及直线的方向（坡度和指向下坡的箭头）表示，如图 8-4（b）所示。

图 8-4　直线的标高投影表示法

8.1.2.3　直线上的点

一直线上任意两点间的坡度是相等的，即任意两点的高差与水平距离之比是一个常数，所以在已知直线上任取一点都能计算出它的标高。或者，已知直线上任意一点的标高，也可以确定它的投影位置。

直线上的点有两类问题需要求解，一是在已知直线上定出任意高程点的位置；二是推算直线上已知位置点的高程。

【**例 8-1**】　如图 8-5（a）所示，已知直线 AB 的标高投影 $a_8 b_3$ 和直线上点 C 到点 A 的水平距离 $L_{AC}=4$m，求直线 AB 的坡度 i、平距 l 和点 C 的高程。

(a) 已知条件　　　　　　　　　　(b) 作图过程与作图结果

图 8-5　求直线的坡度、平距及点 C 的高程

解：根据图 8-5 中所给出的绘图比例尺，在图中量得点 a_8 与 b_3 之间的水平距离为 10m，则直线 AB 的坡度

$$i=\frac{H}{L}=\frac{8-3}{10}=\frac{1}{2}$$

平距 $l=\dfrac{1}{i}=2$m，因为 $L_{AC}=4$m，所以点 C 和点 A 的高差

$$H_{AC}=iL_{AC}=\frac{1}{2}\times 4=2(\text{m})$$

由此求得点 C 的高程

$$H_C=H_A-H_{AC}=8-2=6（\text{m}）$$

记为 c_6，如图 8-5（b）所示。

【**例 8-2**】　如图 8-6（a）所示，已知直线上 A 点的高程及该直线的坡度，求该直线上高程为 2.4m 的点 B，并求作直线 AB 上的整数高程点。

解：（1）求直线上高程为 2.4m 的点 B　因为 $H_B=2.4$m，所以点 A 和点 B 的高差

$$H_{AB}=(6.4-2.4)\text{m}=4\text{m}$$

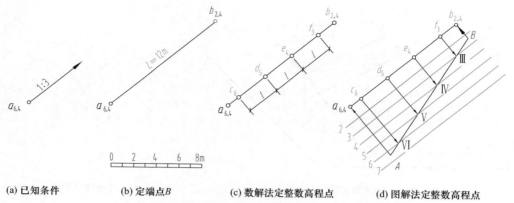

| (a) 已知条件 | (b) 定端点B | (c) 数解法定整数高程点 | (d) 图解法定整数高程点 |

图 8-6　求作直线上已知高程的点和整数高程点

由图 8-6（a）可知 $i=1:3$，由此求得直线 AB 的标高投影长

$$L_{AB}=\frac{H_{AB}}{i}=\frac{4\mathrm{m}}{1/3}=12\mathrm{m}$$

从 $a_{6.4}$ 沿箭头所示的下坡方向，按图中比例尺量取 12m，即得 B 点的标高投影 $b_{2.4}$，如图 8-6（b）所示。

（2）求直线 AB 上的整数高程点　标高投影中直线上的整数高程点可利用计算法或图解法求得。

方法一：计算法。

如图 8-6（c）所示，在 A、B 两点间的整数标高 6m、5m、4m、3m 各点的水平距离均为 $l=3\mathrm{m}$。

点 $a_{6.4}$ 到第一个整数高程点 c_6 的水平距离为

$$L_{ac}=\frac{H_{ac}}{i}=(6.4-6)\mathrm{m}\div\frac{1}{3}=1.2\mathrm{m}$$

用图 8-6 中的绘图比例尺在直线 $a_{6.4}b_{2.4}$ 上自 $a_{6.4}$ 量取 $L_{ac}=1.2\mathrm{m}$，即得点 C 的标高投影 c_6，以后的各整数高程点 d_5、e_4、f_3 间的间隔均为 l，依次量得各点，如图 8-6（c）所示。

方法二：图解法。

如图 8-6（d）所示，在任意位置处，作一组与 $a_{6.4}b_{2.4}$ 平行的等距直线，分别作为标高等于 2、3…7 的整数高度线。再过点 $a_{6.4}$ 和 $b_{2.4}$ 所引垂线上，结合各整数高度线，按比例插值定出点 A 和 B。连接 AB，它与整数高度线的交点Ⅲ、Ⅳ、Ⅴ、Ⅵ，就是 AB 上的整数标高点。过这些点向 $a_{6.4}b_{2.4}$ 引垂线，各垂足 c_6、d_5、e_4、f_3 就是 $a_{6.4}b_{2.4}$ 上的整数标高点。

8.1.3　平面的标高投影

8.1.3.1　平面内的等高线

平面内的水平线称为平面内的等高线，也可看作是水平面与该平面的交线，如图 8-7（a）所示。平面与基准面的交线是平面内标高为零的等高线。在实际工程中，常取整数标高的等高线。

从图 8-7 中可以看出，平面内的等高线有以下特征：

① 等高线是直线；

② 等高线互相平行；

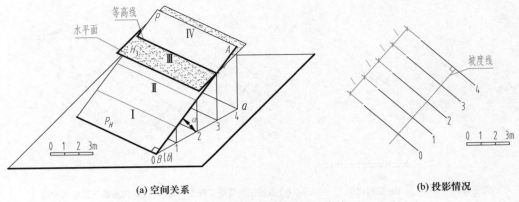

(a) 空间关系　　　　　　　　　　　(b) 投影情况

图 8-7　平面的等高线和坡度线

③ 等高线的高差相等时，其水平间距也相等；当高差为 1m 时，水平距离即为平距 l。

8.1.3.2　平面内的坡度线

平面内对水平面的最大斜度线就是平面内的坡度线，如图 8-7（a）所示的直线 AB。平面内的坡度线有以下特征：

① 平面内的坡度线与等高线互相垂直，由直角投影定理可知，它们的水平投影也互相垂直，如图 8-7（b）所示；

② 平面内坡度线的坡度代表该平面的坡度，坡度线的平距就是平面内等高线的平距。由图 8-7 可知，因为坡度线 AB 和 ab 同时垂直于 P 面与 H 面的交线 P_H，所以坡度线与 H 面的倾角 α 等于该平面与水平面的倾角，即坡度线的坡度就是该平面的坡度，常用指向下坡方向的箭头表示。

8.1.3.3　平面的标高投影表示法

平面的标高投影可用几何元素的标高投影来表示，从易于表达和求解问题来考虑，常用的表示方式有以下两种。

① 用平面内的一条等高线和平面的坡度线表示平面　如图 8-8（a）所示，平面内的一条等高线的高程为 8m，坡度线垂直于等高线，在坡度线上画出指向下坡的箭头，并标出平面的坡度 1∶2。

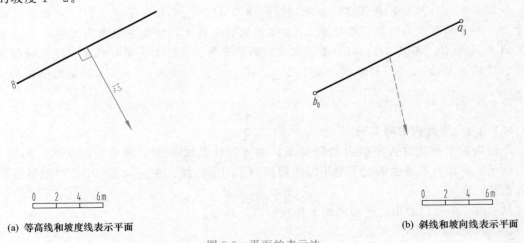

(a) 等高线和坡度线表示平面　　　　　　　　　(b) 斜线和坡向线表示平面

图 8-8　平面的表示法

② 用平面上的一条倾斜直线和平面的坡度方向线表示平面　如图 8-8（b）所示，图中画出了平面上一条倾斜直线的标高投影 a_3b_0，因为平面上的坡度线不垂直于该平面上的倾斜直线，所以在平面的标高投影中坡度线不垂直于倾斜直线的标高投影 a_3b_0，即暂时不能精确画出坡度线，仅用带虚线的箭头（或折断线）大致表示平面的下坡方向。

【例 8-3】　如图 8-9（a）所示，已知平面上一条高程为 6m 的等高线，平面的坡度 $i=1:1$，求作平面上高程为 7m、5m、4m 的等高线。

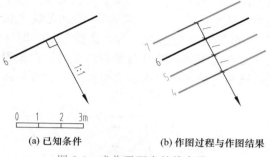

　　解：这是用等高线和坡度线方式表示的平面，作图过程如下。

　　平面的坡度 $i=1:1$，则平距 $l=1$m，即相邻等高线间的间隔为 1m。在图中表示坡度的坡度线上，自与高程为 6m 的等高线交点起，顺箭头方向按已知比例尺连续截

(a) 已知条件　　　　(b) 作图过程与作图结果

图 8-9　求作平面内的等高线

取两个平距，得两个点，过这两个点作高程为 6m 的等高线的平行线，即得平面上高程为 4m、5m 的等高线。沿反方向量取，则可定出高程为 7m 的等高线。

【例 8-4】　如图 8-10（a）所示，已知平面上的一条倾斜直线 AB 的标高投影 a_3b_0，以及平面的坡度 $i=1:0.5$，求作该平面的等高线和坡度线。

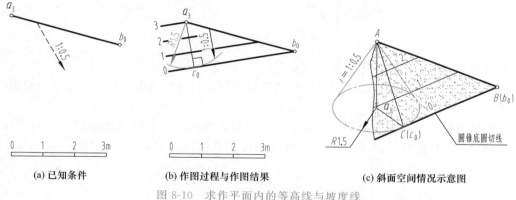

(a) 已知条件　　　(b) 作图过程与作图结果　　　(c) 斜面空间情况示意图

图 8-10　求作平面内的等高线与坡度线

　　解：这是用斜线和坡向线方式表示的平面，由坡度 $i=1:0.5$ 可得平面的平距 $l=0.5$m，如果过点 B 作平面内高程为 0 的等高线，那么高程为 0 的等高线与点 A 之间的水平距离应为

$$L=\frac{H}{i}=3\div\frac{1}{0.5}=1.5(\text{m})$$

　　作图过程如图 8-10（b）所示，以 a_3 点为圆心、1.5m 为半径画圆弧，过 b_0 点作圆弧的切线 b_0c_0，即为平面上高程为 0 的等高线。由 a_3 点向切线 b_0c_0 作垂线 a_3c_0，即平面上的坡度线。三等分 a_3c_0，过各分点即可作出平行于 b_0c_0 的高程为 1、2 的等高线。

　　如图 8-10（c）所示，上述作图过程可理解为过 AB 作一平面与锥顶为 A、素线坡度为 $1:0.5$ 的正圆锥相切。切线 AC（是一条圆锥素线）就是该平面的坡度线。已知 A、B 两点的高差 $H=3$m，平面坡度 $i=1:0.5$，则水平距离 $L=\frac{H}{i}=3\div\frac{1}{0.5}=1.5$（m）。因此，所作

正圆锥顶高是 $H = 3m$，底圆半径 $R = L = 1.5m$。那么，过标高为 0 的 B 点作圆锥底圆的切线 BC，便是平面上标高为 0 的等高线。

8.1.3.4 两平面的交线

在标高投影中，求两平面的交线，通常采用辅助平面法。即以整数标高的水平面作辅助截平面，辅助平面与两已知平面的交线分别是两已知平面上相同标高的等高线，这两条等高线必相交于一点，该点就是两平面交线上的点。如图 8-11 所示，引两个辅助平面 H_{10}、H_{16}，可得两个交点 M、N，连接起来，即得交线 MN。由此得出：两平面上相同高程等高线的交点的连线，就是两平面的交线。在工程中，相邻两坡面的交线称为坡面交线，填方形成的坡面与地面的交线称为坡脚线，挖方形成的坡面与地面的交线称为开挖线。

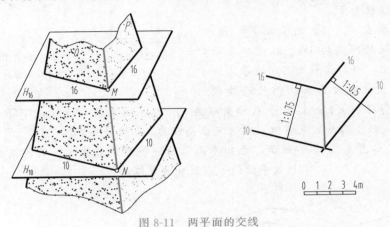

图 8-11　两平面的交线

填筑和开挖坡面的画法应符合下列规定：

填筑坡面的平面图和立面图中，应沿填筑坡面顶部的等高线用示坡线表示坡面倾斜的方向，如图 8-12 所示。

开挖坡面的平面图和立面图中，可沿开挖坡面的开挖线用示坡线表示坡面倾斜的方向，或用绘制"Y"形符号的形式表示，方向应平行于该坡面的示坡线，如图 8-13（a）、（b）所示。

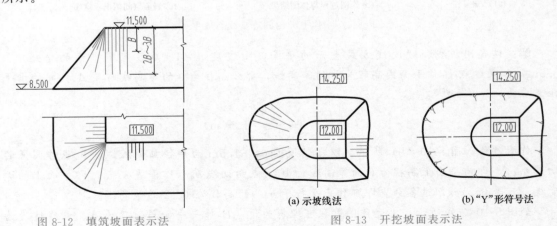

图 8-12　填筑坡面表示法　　　　　(a) 示坡线法　　　(b)"Y"形符号法

图 8-13　开挖坡面表示法

【例 8-5】　在高程为 0 的地面上挖一基坑，坑底标高为 −3m，基坑坑底形状、大小以及各坡面坡度，如图 8-14（a）所示。求作开挖线和坡面交线，并在坡面上画出示坡线。

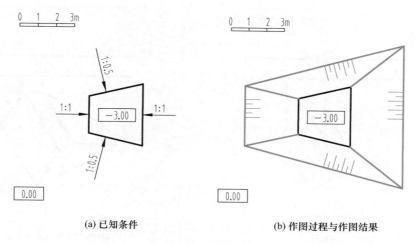

(a) 已知条件 　　　　　　　(b) 作图过程与作图结果

图 8-14　求作开挖线、坡面交线和示坡线

解： 基坑坑底边线为高程为 −3m 的等高线，所以基坑各坡面是以一条等高线和坡度线方式表示平面，可按照【例 8-3】的方法做出各坡面高程为 0 的等高线。

作图过程如图 8-14（b）所示，作图步骤如下：

（1）作开挖线　地面高程为 0，因此开挖线就是各坡面上高程为 0 的等高线，它们分别与坑底相应的边线平行，其水平距离 $L = \dfrac{H}{i}$，则各边坡的水平距离为 $L_{左、右} = 3 \div \dfrac{1}{1} = 3$（m），$L_{前、后} = 3 \div \dfrac{1}{0.5} = 1.5$（m）。然后按图中比例尺截取后，画出各坡面的开挖线。

（2）作坡面交线　相邻两坡面上标高相同的两等高线的交点，就是两坡面交线上的点。因此，分别连接开挖线（高程为 0 的等高线）的交点与坡底边线（高程为 −3m 的等高线）的交点，即得四条坡面交线。

（3）画示坡线　为了增加图形的视觉效果，在坡面上画示坡线。示坡线应按坡度线方向画出，垂直于坡面上的等高线，用长短相间且间距相等的细实线绘制，并且从高程值大的等高线画向高程值小的等高线。

【例 8-6】　已知大堤与小堤相交，堤顶标高分别为 3m 和 2m，地面标高为 0。各坡面的坡度如图 8-15（a）所示。求作相交两堤的标高投影图。

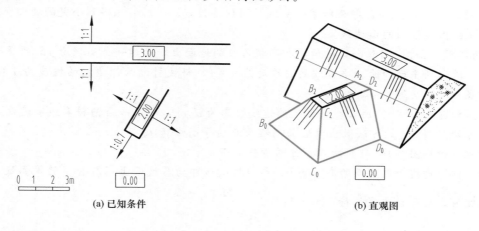

(a) 已知条件 　　　　　　　(b) 直观图

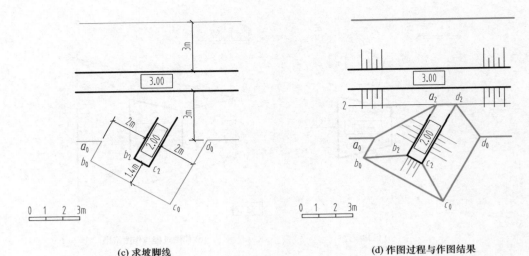

(c) 求坡脚线　　　　　　　　　　　　(d) 作图过程与作图结果

图 8-15　求作相交两堤的标高投影图

解：如图 8-15（a）所示，大堤与小堤的边线为高程为 2m、3m 的等高线，所以大堤与小堤各坡面是以一条等高线和坡度线方式表示平面。

如图 8-15（b）所示，本题需求三种交线：一是坡脚线，即各坡面与地面的交线；二是大堤坡面与小堤堤顶的交线 A_2D_2；三是大堤坡面与小堤坡面的交线 A_2A_0、D_2D_0 及小堤各坡面交线。

作图过程如图 8-15（c）、（d）所示，作图步骤如下：

（1）求坡脚线（各坡面与地面的交线）　以大堤为例：大堤坡顶线与坡脚线的高差为 3m，前、后坡面的坡度为 1:1，则坡顶线到坡脚线的水平距离 $L=\dfrac{H}{i}=3\div\dfrac{1}{1}=3$（m）。按比例尺作坡顶线的平行线，间距为 3m，即得大堤前、后坡脚线。用同样的方法作出小堤的坡脚线。各坡脚线画至相交处，整理如图 8-15（c）所示。

（2）作小堤堤面与大堤前坡面的交线　小堤顶面标高为 2m，它与大堤坡面的交线就是大堤前坡面上标高为 2m 的等高线上（也属于小堤顶面）的一段，如图 8-15（d）所示 a_2 d_2，同时把小堤的边线延伸至 a_2d_2。

（3）求大堤与小堤坡面的交线、小堤的坡面交线　连接两坡面上的两条相同高程等高线的交点，即为坡面间的交线。分别将小堤顶面边线的交点 a_2、d_2 与两堤坡脚线的交点 a_0、d_0 相连，a_2a_0、d_2d_0 即为所求的交线。同理连接 c_2c_0、b_2b_0，得到小堤的坡面交线。

（4）画出各坡面的示坡线。

【例 8-7】　如图 8-16（a）所示，在高程为 0 的地面上，修建一个高程为 4m 的平台，一条斜坡引道通到平台顶面。平台坡面的坡度为 1:1，斜坡引道两侧边坡的坡度为 1:1。求作坡脚线和坡面交线。

解：如图 8-16（a）所示，斜坡道的边线投影为 d_4c_0，即由一条倾斜直线和坡向线表示平面，可按照例 8-4 的方法做出该坡面高程为 0 的等高线。

空间分析如图 8-16（b）所示，作图步骤如下：

（1）作坡脚线　因地面的高程为 0，所以坡脚线即为各坡面上高程为 0 的等高线。平台边坡的坡脚线与平台边线平行，水平距离 $L_1=\dfrac{H}{i}=4\div\dfrac{1}{1}=4$（m）。

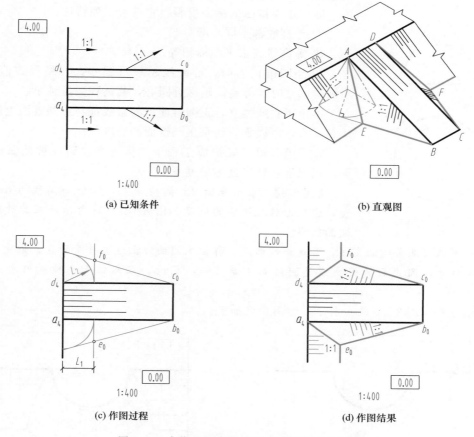

(a) 已知条件   (b) 直观图

(c) 作图过程   (d) 作图结果

图 8-16　求作工程建筑物的坡脚线及坡面交线

引道两侧坡面的坡脚线的求法：分别以 a_4、d_4 为圆心，$R = L_2 = \dfrac{H}{i} = 4 \div \dfrac{1}{1} = 4$（m）为半径画弧，再分别过 b_0、c_0 作圆弧的切线，即为引道两侧坡面的坡脚线。

（2）作坡面交线　a_4、d_4 是平台坡面与引道两侧坡面的两个共有点。平台边坡坡脚线与引道两侧坡脚线的交点 e_0、f_0 也是平台坡面与引道两侧坡面的共有点，如图 8-16（c）所示，连接 a_4 与 e_0、d_4 与 f_0，即为所求的坡面交线。

（3）画各坡面示坡线　各个坡面的示坡线都分别与各个坡面上的等高线相垂直，注意引道两侧坡面的示坡线应垂直于坡面上的等高线 $b_0 e_0$ 和 $c_0 f_0$，如图 8-16（d）所示。

8.2　曲面的标高投影

在标高投影中，用一系列的水平面与曲面相截，画出这些截交线的投影就得到了曲面的标高投影，这里仅介绍水利工程中常见的锥面、同坡曲面、地形面。

8.2.1　正圆锥面

如图 8-17 所示，正圆锥的轴线垂直于水平面，假想用一组高差相等的水平面截切圆锥，

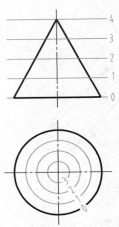

图 8-17 正圆锥面的标高投影

其截交线都是水平圆，在这些水平圆的水平投影上注明高度数值，即得正圆锥面的标高投影。它具有下列特性：

① 等高线都是同心圆。

② 等高线的水平距离相等。

③ 当圆锥正立时，等高线越靠近圆心，其高程数值越大；当圆锥倒立时，等高线越靠近圆心，其高程数值越小。

不论正立或倒立，正圆锥面上的素线都与正圆锥面上的等高线相垂直，所以素线就是正圆锥面的坡度线。

在渠道、道路等护坡工程中，常将平地转弯坡面做成圆锥面，以保证在转弯处的坡度不变。

【例 8-8】 在高程为 2m 的地面上，修筑一高程为 6m 的平台，台顶形状及边坡的坡度如图 8-18（a）所示，求其坡脚线和坡面交线。

解： 本题有两条坡面交线，都是椭圆曲线。作出椭圆曲线上适当数量的点，依次连接即可。但应注意，圆锥面的等高线是圆弧而不是直线。因此，正圆锥面的坡脚线也是一段圆弧。

作图过程如图 8-18（b）所示，作图步骤如下。

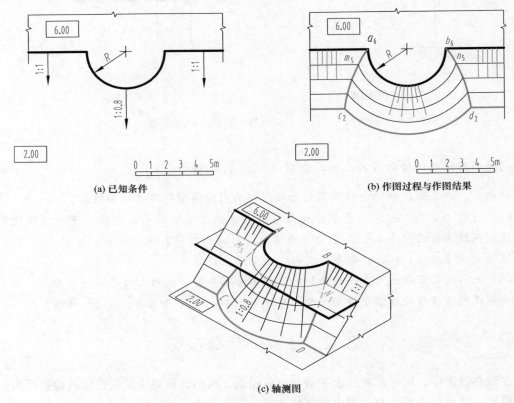

(a) 已知条件

(b) 作图过程与作图结果

(c) 轴测图

图 8-18 求坡脚线与坡面交线

（1）作坡脚线 各坡面的坡脚线是各坡面上高程为 2m 的等高线。平台左右两侧的坡面为平面，其坡脚线为直线，且与台顶边线平行，它们之间的水平距离为

$$L = \frac{H}{i} = (6-2) \div \frac{1}{1} = 4(\text{m})$$

平台顶面中部的边界线为半圆，其坡面是正圆锥面，故其坡脚线与平台顶面边界线半圆在标高投影上是同心圆，其水平距离（即半径差）为

$$L = \frac{H}{i} = (6-2) \div \frac{1}{0.8} = 3.2(\text{m})$$

（2）作坡面交线　坡面交线是由平台左右两侧的平面坡面与中部正圆锥面坡面相交而形成的。因平面的坡度小于圆锥面的坡度，所以坡面交线是两段椭圆曲线。两侧坡面的等高线是一组平行线，它们的水平距离为 1m（$i=1:1$）；中部正圆锥面的等高线的标高投影是一组同心圆，其半径差为 0.8m（$i=1:0.8$）。由此，分别作出两侧坡面和中部正圆锥面上高程为 5m、4m、3m 的等高线。相邻两坡面上同高程的等高线的交点，就是坡面交线上的点。光滑连接左坡面上的 a_6、m_5、…、c_2 点和右坡面上 b_6、n_5、…、d_2 点，即为坡面交线。作坡面交线的原理如图 8-18（c）所示。

（3）画出各坡面示坡线　正圆锥面上的示坡线应过锥顶，是圆锥面上的素线；平面斜坡的示坡线是坡面上等高线的垂线。

8.2.2　同坡曲面

图 8-19（a）是一段倾斜的弯曲道路，两侧曲面上各处的坡度都相等，这种曲面称为同坡曲面。正圆锥面的每一条素线的坡度都相等，是同坡曲面的特殊情况。

同坡曲面的形成如图 8-19（b）所示：一正圆锥面的锥顶沿空间曲导线 AB 运动，运动时圆锥面的轴线始终垂直于水平面，且锥顶角保持不变，则所有这些正圆锥面的包络曲面（公切面），就是同坡曲面。这种曲面常应用于道路爬坡拐弯的两侧边坡，以保证在转弯处的坡度不变。

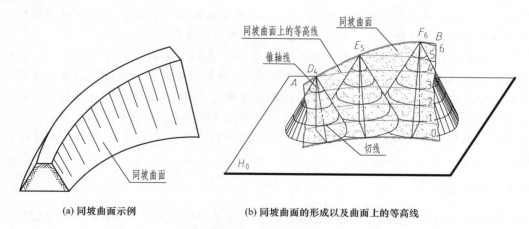

(a) 同坡曲面示例　　　　　(b) 同坡曲面的形成以及曲面上的等高线

图 8-19　同坡曲面的形成

由上述形成过程可以看出：同坡曲面上的等高线与各正圆锥面上同高程的等高线一定相切，其切点在同坡曲面与各正圆锥面的切线上，也就是在坡度线上。

同坡曲面的等高线为等距曲线，当高差相等时，它们的间距也相等。

【例 8-9】　如图 8-20（a）所示，在高程为 0 的地面上修建一弯道，路面自 0 逐渐向上升为 4m，与干道相接。作出干道和弯道坡面的坡脚线以及干道和弯道坡面的坡面交线。

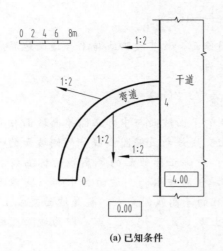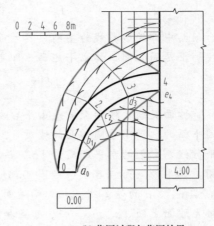

(a) 已知条件	(b) 作图过程与作图结果

图 8-20　求坡脚线和坡面交线

解： 从图中可以看出，干道的前面、后面和右面在图中都已折断，只需作出左坡面与地面的交线。

作图过程如图 8-20（b）所示，作图步骤如下：

（1）作坡脚线　干道坡面为平面，坡脚线与干道边线平行，水平距离 $L = \dfrac{H}{i} = 4 \div \dfrac{1}{2} = 8$（m）。

弯道两侧边坡是同坡曲面，在曲导线上定出整数标高点 a_0、b_1、c_2、d_3、e_4 作为运动正圆锥面的锥顶位置。以各锥顶为圆心，分别以 $R = l$、$2l$、$3l$、$4l$（$l = 2$m，因 $i = 1:2$）为半径画同心圆，得各圆锥面上的等高线。自 a_0 作各圆锥面上 0 高程等高线的公切线，即为弯道内侧同坡曲面的坡脚线。同理，作出弯道外侧同坡曲面的坡脚线。

（2）作坡面交线　先画出干道坡面上高程为 3m、2m、1m 的等高线。自 b_1、c_2、d_3 作诸正圆锥面上同高程的等高线的公切线（包络线），即得同坡曲面上的诸等高线。将同坡曲面与斜坡面上同高程的等高线的交点顺次连成光滑曲线，即为弯道内侧与干道的平面斜坡的坡面交线。用同样的方法作出弯道外侧的同坡曲面与干道的平面斜坡的坡面交线。

（3）画出各坡面的示坡线　按与各坡面上的等高线相垂直的方向，画出各坡面的示坡线。

8.2.3　地形面

（1）地形等高线　地面是不规则曲面，在工程中常把起伏不平、形状复杂的地面称为地形面。用等高线表示地面形状的图称为地形图。标高图中，等高线用细实线绘制，计曲线用中粗实线绘制。地形等高线的高程数字的字头，应朝高程增加的方向注写，或按右手法注写。

如图 8-21 所示，地形图能反映出地面的形状，地势的起伏变化，以及坡向等。地形图上的等高线有以下特征。

① 山丘与洼地：等高线一般是封闭的不规则曲线。等高线的高程中间高、外面低，表示山丘；等高线的高程中间低、外面高，表示盆地。

② 山脊与山谷：山脊——高于两侧并连续延伸的高地，山脊上各个最高点的连线称为

山脊线，山脊处的等高线凸向下坡方向。山谷——低于两侧并连续延伸的谷地，山谷中各个最低点的连线称为山谷线或集水线，山谷处的等高线凸向上坡方向。

③ 鞍部地形：在相连的两山峰之间的低洼处，地面呈马鞍形，两侧等高线高程基本上呈对称分布。

④ 在同一张地形图中，等高线越密说明地势越陡，反之，等高线越稀疏地势越平坦。

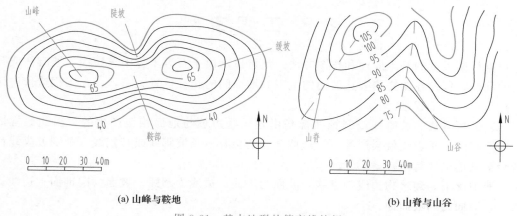

(a) 山峰与鞍地　　　　　　　　　　　　　　(b) 山脊与山谷

图 8-21　基本地形的等高线特征

（2）地形断面图　用铅垂面剖切地形面，所得到的地形断面形状图称为地形断面图。

地形断面图的具体画法如图 8-22 所示。

① 过地形图上的剖切位置线作铅垂面 $B—B$。将剖切位置线连成细实线，求得铅垂面与地形等高线的交点 a、b、c、$\cdots$。

② 在已知地形图附近作两条相互垂直的直线。根据给定的作图比例，在竖直线上标出地形图中各等高线的高程 14m、15m、$\cdots$、20m 等，将地形图中 $B—B$ 铅垂面剖到的诸等高线的交点 a、b、c、$\cdots$，保持其水平距离不变，量取到水平线上，具体作图时可以借助于纸条来量取各点的位置。

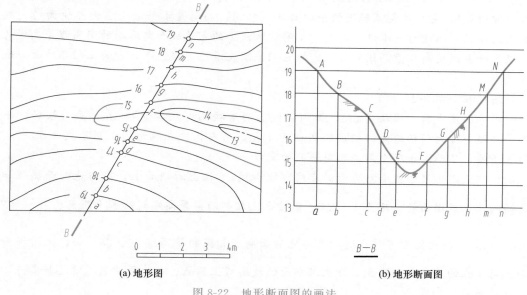

(a) 地形图　　　　　　　　　　　　　　　(b) 地形断面图

图 8-22　地形断面图的画法

③ 过水平线上的这些点作竖直线，与相应高程的水平线相交，将交得的点按顺序徒手连成光滑曲线（E、F 两点按地形趋势连成曲线），并在土壤一侧画上材料图例，即得地形断面图。

地形断面图对局部地形特征反映比较直观，地形断面图可用于求解建筑物坡面的坡脚线（开挖线）和计算土石方工程量等。

8.3 工程实例

根据标高投影的基本原理和作图方法，就可以解决土石方工程中求交线（坡脚线或开挖线）的问题，以便在图样中表达坡面的范围和坡面间的相互位置关系，或在工程造价中计算填（挖）土石方工程量。

（1）分析方法　坡脚线或开挖线都是由建筑物边坡与地面相交产生的，因此通常情况下，建筑物的一条边线就会产生一个边坡，也就会有一条坡脚线或开挖线（个别坡脚线或开挖线会被其他边坡遮挡）。

一般情况下，建筑物边线为直线，坡面为平面；边线为圆弧，坡面为圆锥面；边线为空间曲线，坡面为同坡曲面。

（2）作图的一般步骤

① 依据坡度，定出开挖或填方坡面上坡度线的若干高程点（若坡面与地形面相交，高程点的高程一般取与已知地形等高线相对应）；

② 过所求高程点作等高线（等高线的类型由坡面性质确定）；

③ 找出相交两坡面（包括开挖坡面、填方坡面、地形面）上同高程等高线的交点；

④ 依次连接各交点（连线的类型由相交两坡面的坡面性质确定）；

⑤ 画出坡面上的示坡线。

【例 8-10】　如图 8-23（a）所示，在河道上修筑一土坝，已知河道的地形图，土坝的轴线位置，以及土坝的横断面图（垂直于土坝轴线的断面图），试完成土坝的平面图。

解：从图 8-23（c）土坝的轴测图中可以看出，坝顶、马道和上、下游坡面都与底面有交线（坡脚线），它们都是不规则的平面曲线。坝顶、马道是水平面，它们与地面的交线是地面上同高程等高线的一小段。其上、下游坡脚线上的点是坡面与地面的同高程等高线的交点，求出一系列同高程等高线的交点，把它们依次光滑地连接起来，即为土坝各坡面与地面的交线。

作图过程如图 8-24 所示。

（1）画坝顶平面　坝顶宽 6m，由坝轴线向两边按比例尺各量取 3m，画与坝轴线平行的两条直线，即为坝顶边线。坝顶的高程是 41m，用内插法在地形图上用虚线画出 41m 高程的等高线，从而求出坝顶两端面与地面的交线。

（2）作上游土坝的坡面与地面的交线（坡脚线）　在上游坝面上作出与地形面高程相同的等高线。上游坝面的坡度为 1∶2.5，则坡面上相邻两条等高线间的水平距离 $L = \dfrac{H}{i} = 2 \div \dfrac{1}{2.5} = 5$（m）。按比例即可作出坡面上与地形面高程相同的等高线 40、38、…。上游坝面与地面上同高程的等高线的交点，即上游坝面的坡脚线上的点。依次用曲线光滑连接各点，即为上游坝面的坡脚线。

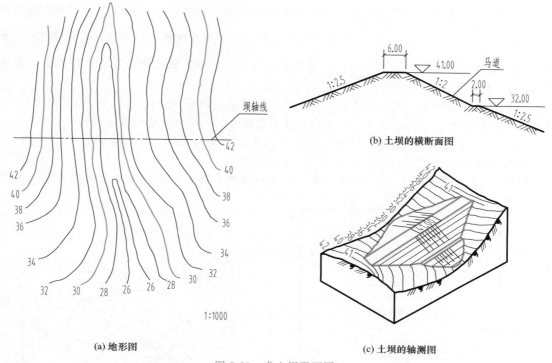

(b) 土坝的横断面图

(a) 地形图

(c) 土坝的轴测图

图 8-23 求土坝平面图

在连线时注意上游坝面上高程为 30m 的等高线与地面上高程为 30m 的等高线有两个交点，但高程为 28m 的等高线与地面上高程为 28m 的等高线没有交点，这时可用内插法各补画一条高程为 29m 的等高线再找交点。连点时应按交线趋势连成曲线。

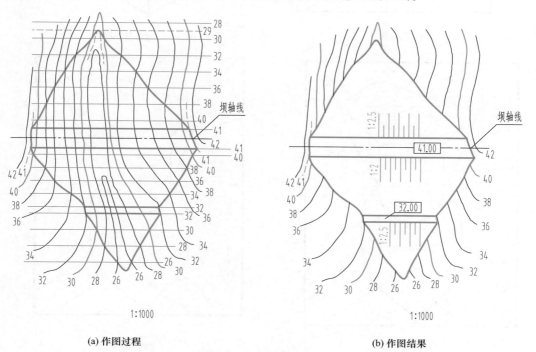

(a) 作图过程

(b) 作图结果

图 8-24 完成土坝的平面图

（3）作下游土坝坡面的坡脚线　应先画出马道，马道顶面的内边线与坝顶下游边线的水平距离 $L=\dfrac{H}{i}=(41-32)\div\dfrac{1}{2}=18$（m），按比例先画出马道内边线；再根据马道宽2m，画出马道外边线；马道的左、右边线，分别是在马道内外边线范围之内的各一小段地面上高程为32m的等高线。

下游坝面的坡脚线，与上游坝面的坡脚线作法相同。但应注意：马道以上的坡度为1∶2，马道以下的坡度为1∶2.5。在土坝的坡面上作等高线时，不同的坡度要用不同的水平距离。

（4）画示坡线，标注坡度　画出土坝平面图中上、下游坡面上的示坡线，并注明坝顶、马道高程和各坡面的坡度，结果如图8-24（b）所示。

【例8-11】　如图8-25（a）所示山坡上修筑一水平广场。已知广场的平面图及其高程为

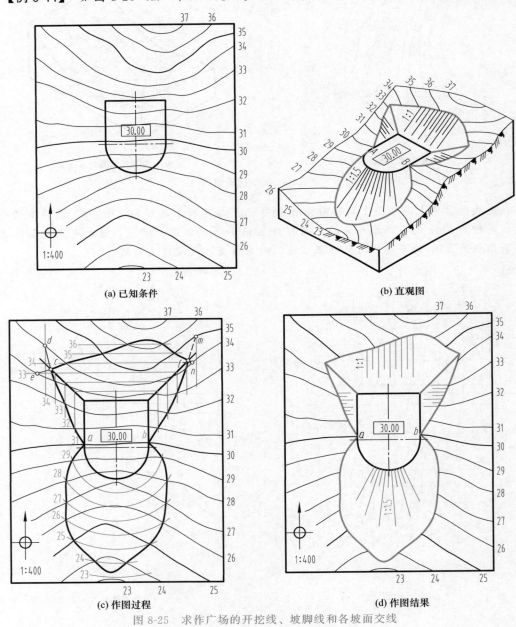

(a) 已知条件　　　　　　　　　　　　(b) 直观图

(c) 作图过程　　　　　　　　　　　　(d) 作图结果

图 8-25　求作广场的开挖线、坡脚线和各坡面交线

30m，填方边坡为1∶1.5，挖方边坡为1∶1，试求作开挖线、坡脚线和各坡面交线。

解：因水平广场的高程为30m，所以地面上高程为30m的等高线就是填方和挖方的分界线，它与水平广场轮廓边线的交点a、b就是填、挖边界线的分界点。

地形面上比30m高的北侧是挖方区，平面轮廓为矩形，坡面有三个平面，其坡度为1∶1。挖方坡面的等高线为一组平行线，因相邻两坡面的坡度相等，故其坡面交线应是同高程等高线夹角的角平分线。

地形面上比30m低的南侧是填方区，填方坡面包括一个圆锥面和两个与它相切的坡面。其等高线分别为同心圆弧和平行直线。因坡度相同，所以相同高程的等高线相切。

作图过程如图8-25（c）所示。

（1）求开挖线　因地形图上等高线的高差为1m，所以坡面等高线的高差也应取1m。挖方坡度为1∶1，等高线的平距$l=1$m。以此作出各坡面上高程为31m、32m、…的一组平行等高线。坡面等高线与同高程的地面等高线相交，就求得许多交点。徒手把这些点连接起来，即得开挖线。至于坡面交线则是两坡面间的角平分线，即45°斜线。

应当注意的是：两坡面开挖线的交点［如图8-25（c）所示的c点和f点］与坡面交线应汇交于一点，即三面共点。为了将这个点画得比较准确，图中画出了参与相交的两条开挖线的延伸段以及两个坡面相交的延伸段。

（2）求坡脚线　填方坡度为1∶1.5，等高线的平距$l=1.5$m，以此作出锥面上的等高线与相同高程的地形等高线相交，得各交点。连接各点即得填方部分的坡脚线。注意在倒圆锥面上的24m等高线与地面同高程等高线的两个交点之间，按坡脚线的趋势连线时，不应超出倒圆锥面上23m的等高线。

（3）画出各坡面的示坡线　注意填、挖方示坡线的区别，应按垂直于坡面上等高线的方向，自高端画出各个坡面上的示坡线。清理图面，最后的结果如图8-25（d）所示。

【例8-12】　如图8-26（a）、（b）所示，拟在一斜坡地形面上修建一条斜坡道，斜坡道的填、挖方边坡均为1∶2，求各边坡与地面的交线。

解：在图8-26（b）中，对照路面与地面高程可以明显看出，道路的北边比地面低，应挖方；南边比地面高，应填方；道路东侧的填方与挖方分界点正巧落在路边线的高程18m处；路西侧的填、挖方分界点大致在高程17m与18m之间，准确位置要通过作图确定。

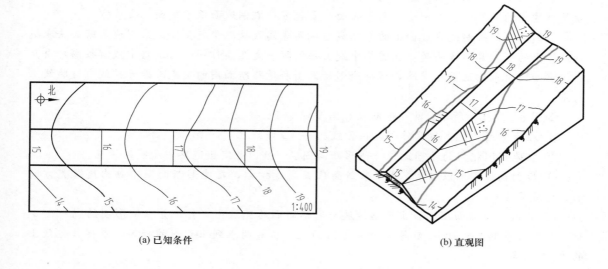

(a) 已知条件　　　　　　　　　　　　(b) 直观图

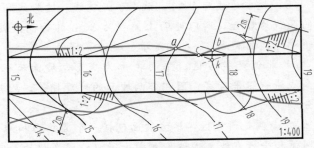

(c) 作图过程与作图结果

图 8-26　求斜坡道路的坡脚线和开挖线

作图过程如图 8-26（c）所示。

（1）作填方两侧坡面的等高线　以路边线上高程为 16m 的点为圆心，2m 为半径画弧，此弧可理解成素线坡度为 1∶2 的正圆锥面上高程为 15m 的等高线，自路边线上高程为 15m 的点作圆弧的切线，就是填方坡面上高程为 15m 的等高线。在自路边线上高程为 16m、17m 的点作此切线的平行线，就得到填方坡面上相应高程的等高线。

（2）作挖方两侧坡面的等高线　求法与作填方坡面的等高线相同，但方向与同侧填方等高线相反，因为这时所作的圆锥面是倒圆锥面（锥顶在 18m，底圆在 19m）。

（3）画坡脚线与开挖线　把坡面上与地面上同高程等高线的交点，依次相连，就得到填方部分的坡脚线和挖方部分的开挖线。但应注意的是，路西侧的 a、b 两点不能直接相连，这两点都应与路边线上的填挖分界点 c 相连。c 点的求法是，假想扩大路西填方的坡面至高程 18m，则自路边线高程为 18m 的点作高程为 18m 的填方坡面等高线（图中用虚线画出），得到交点 k，连接 ak 线与路面边线交于 c 点，就是填挖分界点。如果假想扩大挖方坡面至高程 17m，也可求得相同的结果。

（4）画示坡线　按与坡面上等高线垂直的方向，作出各坡面上的示坡线，作图结果如图 8-26（c）所示。

【例 8-13】　如图 8-27（a）所示，在地形图上修筑一高程为 60m 的弯道，已知填挖方的标准断面图，试求道路两侧坡面与地面的填、挖边界线。

解：从图中可以看出，路面高程为 60m，所以地面高程 60m 的等高线与路面相交的一段是填挖方的分界线，左侧地面高于路面，要挖方；右侧地面低于路面，要填方。

本例道路的某些地方坡面上的等高线与地面等高线接近平行，因此采用地形断面法求填挖边界上的点。具体方法是：在道路中线上每间隔一定距离作一个与道路中线（投影）垂直的铅垂面同时剖切地面和道路，所得地形断面图和道路断面图的交点就是开挖线或坡脚线上的点。

如图 8-27（b）所示，A—A 断面作图步骤如下。

① 在地形图的适当位置作剖切位置线 A—A。

② 取地形图相同的绘图比例作地形断面图 A—A，并定出道路中心线的位置。

③ 按剖切位置可以确定，A—A 断面位置应是挖方，在地形断面图中画出道路挖方断面，边坡为 1∶1。

④ 在 A—A 断面图中找出道路边坡与地形断面的交点Ⅰ、Ⅱ，并在地形图的 A—A 剖切位置线上量取 01、02 分别等于 A—A 断面上Ⅰ、Ⅱ两点到中心线的距离，求得开挖线上的 1、2 两点。

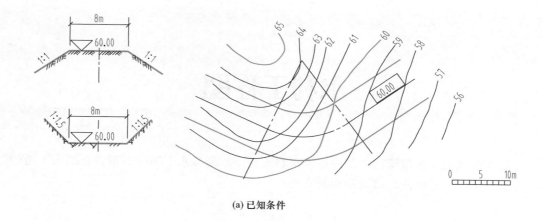

(a) 已知条件

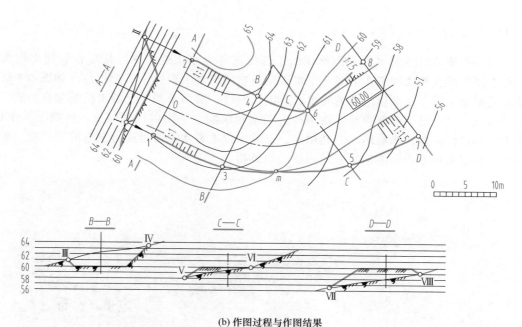

(b) 作图过程与作图结果

图 8-27　断面法求开挖线和坡脚线

　　用同样的方法作 $B-B$、$C-C$、$D-D$ 等断面图，可以求出开挖线（坡脚线）的其他各点，如 3、4、5、6、…。将同侧的点依次连接起来，就是所求的开挖线或坡脚线。

复习思考题

1. 什么叫作标高投影？
2. 坡度和平距表达的空间几何关系是什么？
3. 平面内的等高线有哪些特性？平面内的坡度线有哪些特性？如何求两平面的交线？
4. 正圆锥面上的等高线的标高投影有哪些特性？如何绘制圆锥面的示坡线？
5. 什么叫作同坡曲面？它是怎样形成的？
6. 当建筑物的坡面为平面时，如何求出坡面与地面的交线？当建筑物的坡面为锥面或同坡曲面时，又如何求出坡面与地面的交线？

第9章
水利工程图

表达水利水电工程建筑物的图样称为水利工程图，简称水工图。本章将介绍水工图的分类、表达方法、尺寸标注、阅读和绘制方法。

9.1 概　　述

9.1.1　水工建筑物

为利用或调节自然界水资源而修建的工程设施称为水工建筑物。从综合利用水资源出发，集中修建的互相协同工作的若干个水工建筑物的综合工程称为水利枢纽。如图 9-1 所示为某水利枢纽工程。水利枢纽兼有防洪、发电、航运、灌溉及调节上游水位的综合功能。主要由拦河坝、水电站、船闸等建筑物组成。挡水建筑物——用以拦截河流，抬高上游水位，形成水库和水位落差。水电站——利用上、下游水位差和水流流量进行发电的建筑物。船闸——用以克服水位差产生的船舶通航障碍的建筑物。

图 9-1　水利枢纽

9.1.2　水利工程图的分类

一项水利工程的建造，一般要经过勘测、规划、设计、施工和验收五个阶段。每个阶段都要绘出不同要求的图样。勘测阶段应该绘出地形图、地质图；规划阶段应该绘出规划图；

设计阶段应该绘出枢纽布置图、建筑物结构图、细部构造图；施工阶段应绘出建筑物施工图；验收阶段应该绘出竣工图。

每个阶段图样表达的详尽程度都不尽相同，根据图样表达的侧重点和内容的不同，水工图一般可以分为：工程位置图（规划图）、枢纽布置图、建筑物结构图、施工图和竣工图。

（1）工程位置图（规划图）　工程位置图是示意性图样。主要表示水利枢纽所在的地理位置、朝向；与枢纽有关的河流、公路、铁路；重要的建筑物和居民的分布情况。

工程位置图的特点：

① 图示的范围大，绘图比例小，一般为 1:5000～1:10000，甚至更小。

② 规划图一般画在地形图上，以符号、图例示意的方式表示建筑物。

图 9-2 为某江流域规划图，图中表示出了在河道上拟建的三个电站。

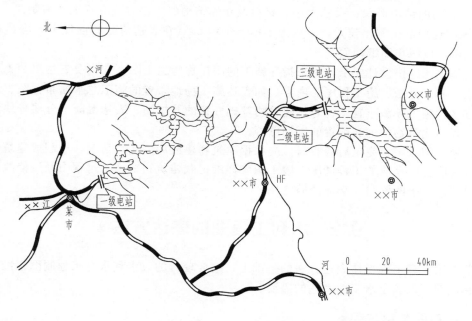

图 9-2　某江流域规划图

（2）枢纽布置图　枢纽布置图主要表示整个水利枢纽在平面、立面的布置情况，作为各建筑物之间的定位、施工放线、土石方施工以及绘制施工总平面图的依据。如图 9-28（a）所示就是某水电站枢纽平面布置图。

枢纽布置图应包括下列主要内容：

① 水利枢纽所在地区的地形、河流及流向（用箭头表示）、地理位置（用指北针表示）等。

② 组成枢纽的各建筑物平面形状及相互位置关系。

③ 各建筑物表面与地面相交的情况。

④ 各建筑物的主要高程及其他主要尺寸。

枢纽布置图特点：

① 枢纽平面布置图必须画在地形图上，绘图比例一般为 1:500～1:1000。

② 为了使图形主次分明，一般只画建筑物的主要结构轮廓线，次要轮廓和细部构造一般均省略不画或采用示意图表示这些构造的位置、种类和作用。

③ 图中尺寸一般只标注建筑物的外形轮廓尺寸及定位尺寸、主要部位的高程、填挖方坡度。

（3）建筑物结构图　用来表达水利枢纽或渠系建筑中某一建筑物的形状、大小、结构和材料等内容的图样，称为建筑物结构图，如图9-27所示为某进水闸结构图。

建筑物结构图应包括如下主要内容：

① 建筑物整体和各组成部分的结构形状、尺寸以及使用的材料。

② 建筑物基础的地质情况以及建筑物与地基的连接方式。

③ 建筑物与相邻建筑物的连接情况。

④ 建筑物的工作条件，如上、下游设计水位、水面曲线等。

⑤ 建筑物细部构造的形状、尺寸、材料及建筑物上附属设备的位置。

建筑物结构图特点：

① 建筑物的结构形状、尺寸大小、材料及相邻结构的连接方式等都表达清楚。

② 视图选用的比例比较大，一般为1：5～1：200（在表达清楚的前提下，应尽量选用较小的比例，以减小图纸幅面）。

（4）施工图　按设计要求，用来指导施工的图样称为施工图。它主要表达水利工程中的施工组织、施工方法、施工程序等内容。如表达施工场地布置的施工总平面布置图、表达施工导流方法的施工导流布置图、表达建筑物基础开挖的开挖图、表达混凝土分层分块浇筑的浇筑图、表达建筑物中钢筋配置的钢筋图等。

（5）竣工图　工程完工后验收时，应根据建筑物建成后的实际情况，绘制成建筑物的竣工图，以说明实际完成的工程情况。竣工图应详细记载建筑物在施工过程中经过修改的有关情况，以便以后查阅资料、交流经验之用。

9.2　水利工程图的表达方法

本节在第6章工程形体表达方法的基础上，结合现行的《水利水电工程制图标准》做一些补充和说明，以满足水工图表达的需要。

9.2.1　视图的名称与配置

9.2.1.1　视图（包括剖视图、断面图）的名称和作用

（1）平面图　平面图也称俯视图，建筑物平面图的作用包括：

① 表达建筑物的平面布置情况和各组成部分的布置和相互位置关系。

② 表达建筑物的平面尺寸和平面高程。

③ 表明剖视和断面的剖切位置、投影方向等。

（2）剖视图　水利工程图中常见的剖视有沿建筑物轴线或河流流向剖切得到的纵剖视图，其作用如下：

① 表明建筑物沿长度方向的内部结构形状和各组成部分的相互位置关系。

② 表明建筑物的主要部分的高程。过水建筑物还需表明水位高程。

③ 表明地形、地质和建筑材料。

（3）立面图　正视图、左视图、右视图、后视图一般称为立面图。

当视图方向与水流方向有关时，顺水流方向的视图称为上游立面图，逆水流方向的视图称为下游立面图。它们主要表达建筑物的外形。

（4）断面图　断面图主要表达建筑物某一组成部分的剖面形状和建筑材料等。

在水工图中，当剖切平面平行于或垂直于建筑物轴线或顺河流流向时，得到的断面图是纵断面图或横断面图，如图 9-3 所示河流的纵断面和横断面及如图 9-4 所示建筑物的纵断面和横断面。

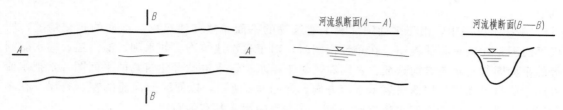

图 9-3　河流的纵断面和横断面

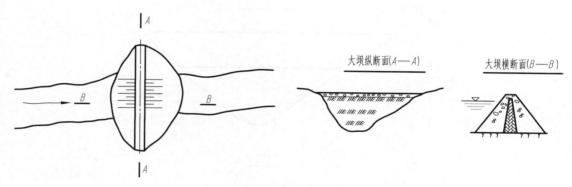

图 9-4　建筑物的纵断面和横断面

如图 9-5 所示为一水闸结构图，采用了平面图、纵剖视图、上游立面图、下游立面图和断面图的表达方法。

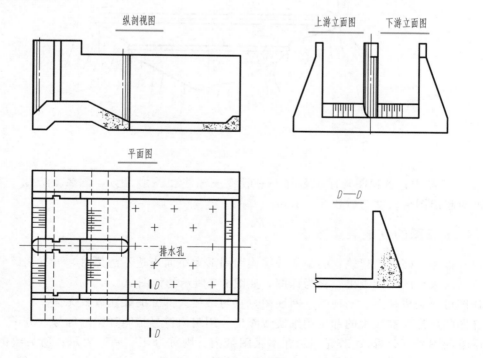

图 9-5　水闸结构图

9.2.1.2　视图的配置

① 为了看图方便,建筑物各视图应尽可能按投影关系配置。若有困难时,可将视图配置在适当位置。对较大或较复杂的建筑物,因受图幅限制,可将某一视图单独画在一张图纸上。

② 在水工图中,由于平面图反映了建筑物的平面布置和建筑物与地面的相交情况,所以平面图是比较重要的视图。在布置视图时,对于过水建筑物,如水闸、溢洪道、输水隧洞等的平面图常把水流方向选成自左向右。对于挡水坝、水电站等建筑物的平面图,常把水流方向选成自上而下,用箭头表示水流方向,如图 9-6 所示,以便区分河流的左、右岸。在水利工程中规定视向与河流水流方向一致,其左为左岸,其右为右岸。

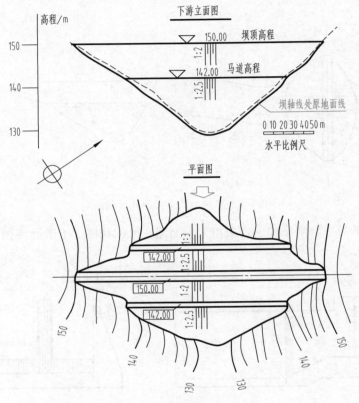

图 9-6　土坝平面图、立面图

③ 水工图中,各视图常标注名称,一般统一标注在图形上方,图名下方绘一粗横线,其长度应超出图名长度前后各 3~5mm。

9.2.2　水工图的其他表达方法

(1) 详图　当水工建筑物的某部分结构因图形太小而表达不清楚时,可将该部分结构用大于原图所采用的比例画出,称为详图,如图 9-7 所示的详图 A。

详图可以画成视图、剖视图、断面图,它与被放大部分的表达方式无关。

详图的标注在被放大的部位用细实线圈出,用引出符号指明详图的编号(分子)和详图所在图纸的编号(分母);若详图画在本张图纸内,则分母用"一"表示;所另绘的详图用相同编号的字母标注其图名,如"详图 A""详图××"等,并注写放大后的比例,如图 9-8

所示。详图图名也可用粗实线圆（直径为 14mm）的详图编号表示，如图 9-7 中的详图 A 也可标注为Ⓐ。

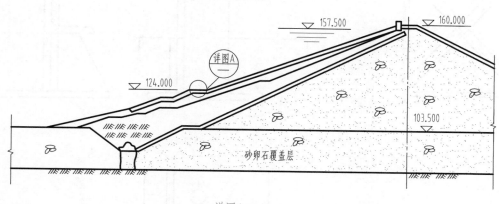

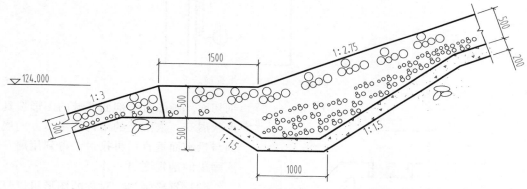

图 9-7　土坝断面图和详图

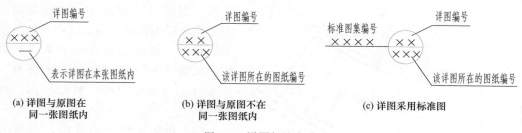

(a) 详图与原图在　　　　　(b) 详图与原图不在　　　　　(c) 详图采用标准图
　　同一张图纸内　　　　　　　同一张图纸内

图 9-8　详图标注方法

　　详图也可画成视图、剖视图或断面图，也可以采用详图的一组（两个或两个以上）视图来表达同一个被放大部分的结构，如图 9-9 所示。

　　（2）展开图　当构件或建筑物的轴线（或中心线）为曲线时，可将曲线沿轴线（或中心线）展开成直线后绘制展视图、剖视图、断面图，并在图名后注写"展开"二字，或写成"展视图"。

　　如图 9-10 所示的灌溉渠道，因干渠中心线为圆弧，假想用沿中心线的圆柱面 A—A 作

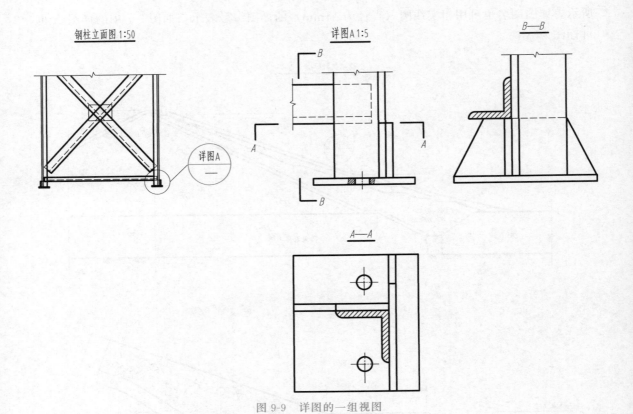

钢柱立面图 1:50   详图A 1:5   B—B

详图A

A—A

图 9-9 详图的一组视图

A—A(展开)

支渠

干渠

图 9-10 展开画法

剖切面。画图时，剖面区域的图形按真实形状展开，未剖到的结构按法线方向展开到与投影面垂直后再投射，得到用展开画法画出的剖视图 $A—A$。

（3）省略画法 对称的图形可以只画对称的一半，但必须在对称线上加注对称符号，如图 9-11 所示 $B—B$ 断面图。当不影响图样表达时，根据不同设计阶段和实际需要，视图和剖视图中某些次要结构、机电设备、详细部分可省略不画，有必要时加详图索引符号另绘详图，如图 9-9 所示。

（4）拆卸画法 当视图、剖视图中所要表达的结构被上覆结构遮挡或岩石遮盖时，可假想将其拆掉或掀掉，然后再进行投影，绘制其下所需表示的部分的视图，这种画法称为拆卸画法，水工图中也称掀土画法。如图 9-11 所示的水闸平面图中，一侧填土被假想掀掉。

（5）分层画法 分层结构可按其构造层次分层绘制，相邻层次用波浪线分界，并用文字注写各层结构的名称和说明。在建筑工程中，为了表示楼地面、屋面、墙面及水工建筑的码

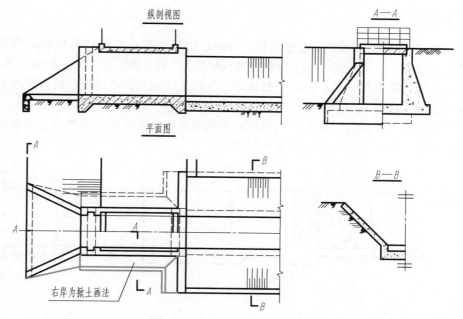

图 9-11 拆卸画法（掀土画法）

头面板等的材料和构造做法，常用分层剖切的方法画出各构造层次的剖视图，称为分层局部剖视图。如图 9-12 所示，用分层局部剖视图表示了地面的构造和各层所用材料和做法。

（6）合成视图 在同一视图中，可同时采用展开、省略、简化、分层、拆卸画法。特别是对于对称结构，可采用在对称中心两侧分别绘制相反或分层次的视图，这种视图称为合成视图。如图 9-5 所示的水闸结构图中，以平板闸门中心线为界，两侧绘制上、下游两个方向的视图。

（7）连接画法 当构件较长，图纸空间有限，但需全部表达时，可分成两部分绘制，并用连接符号（细实线或相配线）以示连接关系，如图 9-13 所示。

图 9-12 分层画法

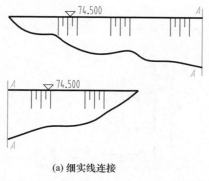

(a) 细实线连接

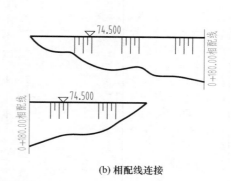

(b) 相配线连接

图 9-13 连接画法

9.2.3 规定画法

① 对于较长或大体积的混凝土建筑物，为防止因温度变化或地基不均匀沉陷而引起的断裂现象，一般需要人为设置分缝（伸缩缝或沉陷缝）。水工建筑物中的各种缝，如施工缝、伸缩缝、沉降缝、防震缝等，绘图时一般只用一条粗实线表示。不同材料的分界线也规定用一条粗实线表示，如图 9-14 所示。

为了增强图样的直观性，以便于识别图样表达的形体，水工图中的曲面应用细实线画出若干素线，斜坡面应画出示坡线，如图 9-14 所示。

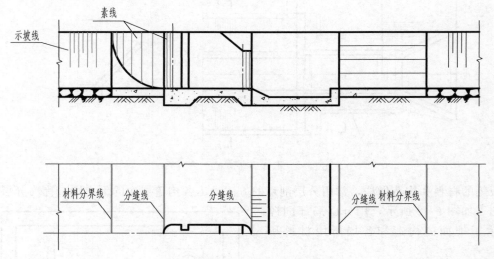

图 9-14　缝线画法

② 当视图的比例较小，使得某些细部构造无法在图中表示清楚，或者某些附属设施（如闸门、启闭机、吊车等）另有专门的视图表达，不需要在图上详细画出时，可以在图中相应位置画出图例。以表示出结构物的类型、位置和作用。常用的图例如表 9-1 所示。

表 9-1　水工建筑物常用图例

序号	名称	图　例
1	水流方向	注：$B=10\sim15$mm
2	指北针	注：B_1 可为6mm $B=16\sim20$mm

序号	名称	图 例
3	水电站	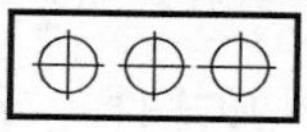 注：圆的数量为 水轮机台数
4	船闸	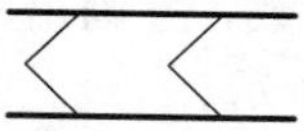
5	栈桥式码头	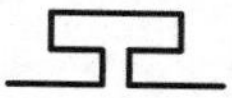
6	水闸	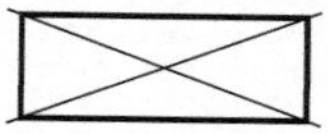
7	土石坝	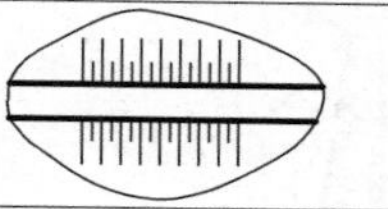
8	溢洪道	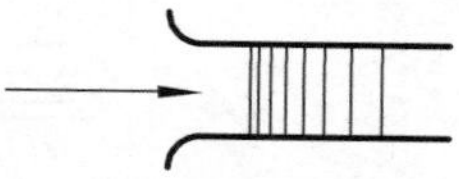
9	堤	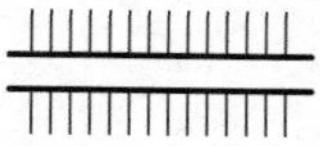
10	涵洞(管)	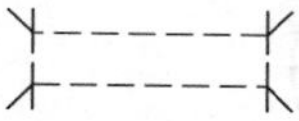
11	公路桥	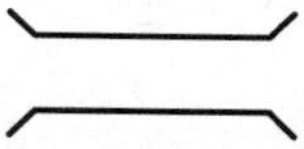
12	平板闸门	 下游立面图 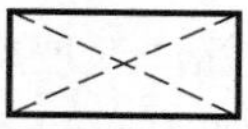　　　上游立面图

9.3　水利工程图的尺寸标注

前面有关章节已介绍了尺寸标注的基本规则和方法，这些规则和方法在水利工程图中仍然适用。考虑到水工建筑物的形状特点，以及设计和施工的合理要求，这里进一步介绍《水利水电工程制图标准》中尺寸标注的部分规定。

9.3.1　尺寸标注的一般规定

（1）水利工程图中标注的尺寸单位　除标高、桩号、规划图（流域规划图除外）、总布置图的尺寸以米（m）为单位（流域规划图以 km 为单位）外，其余尺寸一律以毫米（mm）为单位。若采用其他尺寸单位时，则必须在图上加以说明。标高数字以米为单位，应注写到小数点以后第三位。在总布置图中，可注写到小数点以后第二位。

（2）封闭尺寸和重复尺寸　为了施工方便，水利工程图中允许标注封闭尺寸。即标出建筑物某一方向的全部分段尺寸，又标出总尺寸。

当水工建筑物的几个视图不能画在同一张图内或同一图纸内的几个视图离得较远，不便找到相应的尺寸时，为阅读方便，允许标注重复尺寸。

9.3.2 其他尺寸标注的方法

(1) 对称构件尺寸标注　对称结构的图样，若只画出一半图形或略大于一半时，尺寸数字仍应注出构件的整体尺寸数，并画出一端的尺寸界线和尺寸起止符号，另一端尺寸线应超过对称中心线，如图 9-15 所示。

(2) 长系结构尺寸标注　折断绘制的建筑物或构件尺寸应注出其总体尺寸，如图 9-16 所示。

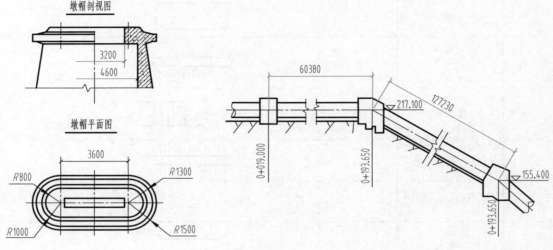

图 9-15　对称构件尺寸标注　　　　　　　图 9-16　长系结构尺寸标注

(3) 坡度的尺寸标注　坡度的标注可采用 $1 : L$ 的比例形式。坡度可采用箭头表示方向，箭头指向下坡方向，如图 9-17 (a) 所示。坡度也可用直角三角形形式标注，如图 9-17 (b) 所示。较缓坡度可用百分数或千分数、小数表示，并在坡度数字下平行于坡面用箭头表示坡度方向，如图 9-17 (c) 所示。较大坡度可直接标注坡度的角度，如图 9-17 (d) 所示。

平面上用示坡线表示坡度的，可平行于其长线直接标注比例；用箭头表示坡度方向的，可在箭头附近用百分数或 "$i = \cdots$" 的小数标注，如图 9-17 (e) 所示。

(4) 标高的尺寸标注　水工建筑物的高度尺寸和水位、地面高程密切相关，施工时，高度常采用水准仪测量来确定，所以建筑物的主要高度常采用标高注法；对于次要的高度尺寸，仍采用通常标注高度的方法，如图 9-24 所示的高度尺寸 50 和 70。

水利工程图中的标高是用规定的海平面为基准来标注的。

在立面图和铅垂方向的剖视图、断面图中，被标注高度的水平轮廓线或其引出线均可作为标高界线。标高符号一般采用如图 9-18 所示的符号（45°等腰直角三角形），用细实线画出，其中 h 约等于标高数字高度。标高符号的直角尖端向下指，也可向上指，但必须指向标高界线，并与之接触。标高数字一律注写在标高符号的右边，如图 9-18 所示。

平面图中的标高应注在被注平面的范围内，当图形较小时，可将符号引出。平面图中的标高符号采用矩形方框内注写数字的形式，方框用细实线画出；或采用圆圈内画十字并将其中的第一、第三象限涂黑的符号，圆圈直径与字高相同。平面图中标高注法如图 9-19 所示。

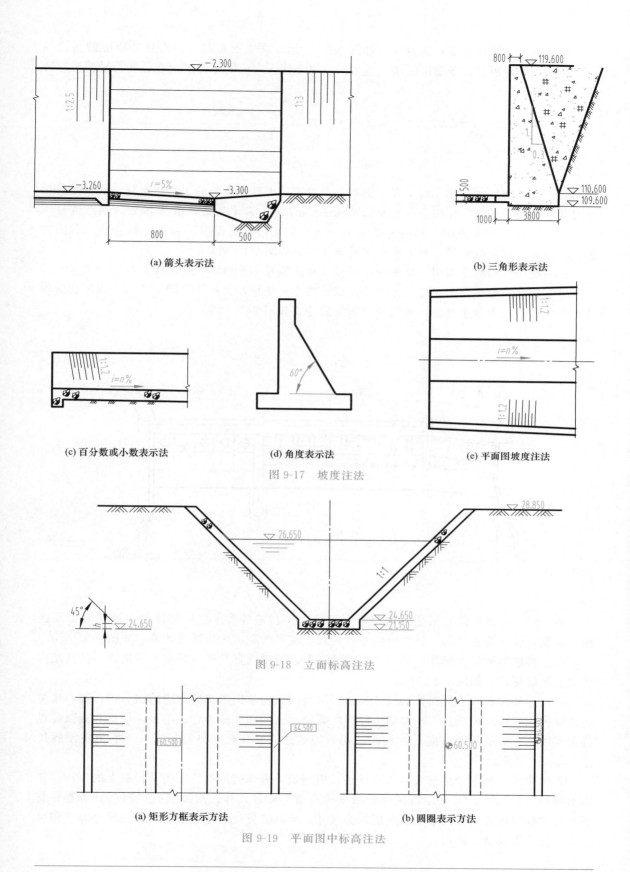

(a) 箭头表示法

(b) 三角形表示法

(c) 百分数或小数表示法

(d) 角度表示法

(e) 平面图坡度注法

图 9-17　坡度注法

图 9-18　立面标高注法

(a) 矩形方框表示方法

(b) 圆圈表示方法

图 9-19　平面图中标高注法

水面标高（简称水位）的符号，如图 9-20 所示。在立面标高三角形符号所标的水位线以下加三条等间距、逐渐缩短的细实线表示。对于特征水位的标高，应在标高符号前注写特征水位名称。

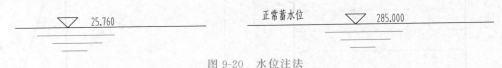

图 9-20　水位注法

（5）桩号的尺寸标注　对于坝、隧道、溢洪道、渠道等较长的水工建筑物，沿轴线的长度尺寸一般用"桩号"标注，标注形式为 km±m，km 为千米数，m 为米数。起点桩号注成 0±000.000，顺水流向，起点上游为负，下游为正；横水流向，起点左侧为负，右侧为正，起点桩号之前取负号，起点桩号之后取正号，如图 9-21 所示。

长系统建筑物的立面图、纵断面图桩号尺寸应按其水平投影长度标注。

桩号数字一般垂直于定位尺寸的方向或轴线方向注写，且标注在同一侧；当建筑物的轴线为折线且各成桩号系统的，转折处应重复标注，如图 9-21 所示。

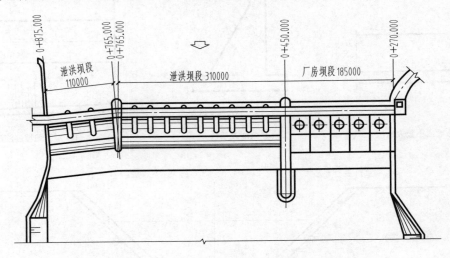

图 9-21　桩号数字的标注

同一图中几种建筑物采用不同桩号系统的，应在桩号数字之前加注文字或代号以示区别。建筑物轴线为曲线的，桩号应沿径向设置，桩号的距离应按弧长计算，如图 9-22 所示。

（6）多层结构尺寸标注　对于多层结构图形，可用垂直并通过各层的引出线，按其结构层次，逐层标注，如图 9-23 所示。

（7）连接圆弧和非圆曲线的尺寸标注　连接圆弧应注出圆弧所对应的圆心角，圆心角两边指到圆弧的切点或端点。根据施工放样的需要，连接圆弧的圆心、半径、切点和圆弧端点的高程以及它们的长度方向尺寸均需注出，但这些尺寸应通过计算核对，不能出现矛盾尺寸，如图 9-24 所示。

非圆曲线，通常用数学表达式来描述，用列表的方式列出曲线上若干控制点的坐标，并画出坐标系，如图 9-24 所示溢流坝断面图按直角坐标方式标注溢流坝面控制点。如图 9-25 所示为用极坐标方式标注水轮机金属蜗壳尺寸。坐标法标注可避免引出大量的尺寸界线和尺寸线，使图形简洁、清晰。

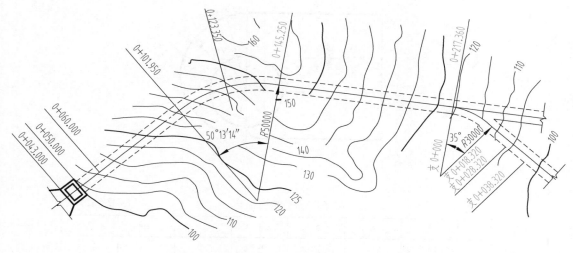

图 9-22　桩号数字的注写

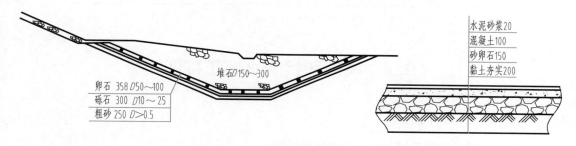

图 9-23　多层结构图形引线标注法

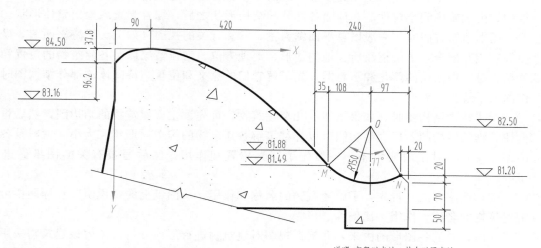

说明:高程以米计,其余以厘米计。

溢流坝面坐标值表　　　　　　　　　　　单位:cm

X	0	30	60	90	120	180	240	300	360	420	510
Y	37.8	10.8	2.1	0	2.1	18	44.1	76.7	118	169.5	262

图 9-24　列表法标注尺寸

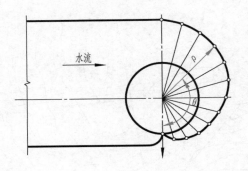

水轮机涡线几何参数 单位：cm

点号	0	1	2	3	4	⋯	12
极角 θ	180°	165°	150°	135°	120°	⋯	0°
极径 ρ	18864	18400	17910	17420	16850	⋯	8500

图 9-25　极坐标法标注尺寸

9.4　阅读和绘制水利工程图

9.4.1　水利工程图的阅读

9.4.1.1　阅读水利工程图的一般步骤和方法

（1）读图步骤　读水工图的步骤一般由枢纽布置图到建筑物结构图，由主要结构到其他结构，由大轮廓到小构件。在读懂各部分的结构形状之后，综合起来想象出整体形状。

读枢纽布置图时，一般以总平面图为主，并和有关的视图（如上、下游立面图，纵剖视图等）相互配合，了解枢纽所在地的地形、地理方位、河流情况以及各建筑物的位置和相互关系。对图中采用的简化和示意图，先了解它们的意义和位置，待阅读这部分结构图时，再作深入了解。

读建筑物结构图时，如果枢纽有几个建筑物，可先读主要建筑物的结构图，然后再读其他建筑物的结构图。根据结构图可以详细了解各建筑物的构造、形状、大小、材料及各部分的相互关系。对于附属设备，一般先了解其位置和作用，然后通过有关的图纸做进一步了解。

（2）读图方法　首先，了解建筑物的名称和作用。从图纸上的"说明"和标题栏可以了解建筑物的名称、作用、比例等。

其次，弄清各图形的由来，并根据视图对建筑物进行形体分析。了解该建筑物采用了哪些视图、剖视图、断面图、详图，有哪些特殊表达方法；了解各剖视图、断面图的剖切位置和投射方向，各视图的主要作用等。然后以一个特征明显的视图或结构关系较清楚的剖视图为主，结合其他视图概略了解建筑物的组成部分及作用，以及各组成部分的建筑材料等。

根据建筑物各组成部分的构造特点，可分别沿建筑物的长度、宽度或高度方向把它分成几个主要组成部分。必要时还可进行线面分析，弄清各组成部分的形状。

然后，了解和分析各视图中各部分结构的尺寸，以便了解建筑物整体大小及各部分结构的大小。

最后,根据各部分的相互位置想象出建筑物的整体形状,并明确各组成部分的建筑材料。

9.4.1.2 读图举例

【例9-1】 阅读如图9-26、图9-27所示水闸设计图。

(1) 组成部分及作用 如图9-26、图9-27所示的水闸是一座建于土基上的渠道进水闸,它起控制渠道内的水位和灌溉的作用。该闸由上游连接段、闸室、消力池、下游连接段四部分组成。

闸室的边墩、消力池采用钢筋混凝土结构。

闸室是闸的主要部分。该闸由闸底板、边墩和闸墩组成,为二孔进水闸,每孔净宽2.8m。闸墩宽1m、长5m,闸墩上游端设有闸门槽。

为了使水流平顺进入闸室,在上游设置了长为3.0m的连接段,两侧采用钢筋混凝土结构圆柱形八字墙。

为了消除下泄水流对渠道的冲刷,采用了消力池的形式消除水流能量。消力池底板标高为9.50m,池深0.5m,长5m,上游端为1:2的斜坡面,下游端为一钢筋混凝土消力坎,坎顶高程为10.00m。

下游连接段为5m长的一段钢筋混凝土结构,以避免流出消力池水流的剩余能量对下游渠道的冲刷。

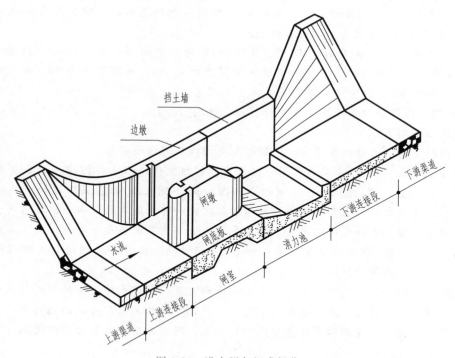

图 9-26 进水闸各组成部分

(2) 视图 平面图即俯视图(图9-27)。它表达进水闸的范围、平面布置情况、各组成部分水平投影的形状和大小等,平面图中的虚线表示进水闸两侧挡土墙埋入地面的情况,对称处采用掀土画法画成实线。

纵向剖视图为通过进水闸中心线剖切后所得到的,表达各组成部分的断面形状和建筑材料的情况。由于剖切面与水闸中心线重合，故图中可不标注剖切符号。

A—A 和 B—B 剖视图为一个合成视图。A—A 剖切在水闸上游渠道处，由上游向下游投射，表达连接段两侧八字翼墙、底板的结构；B—B 剖切在下游渠道处，由下游向上游投射，表达下游连接段的断面情况、边墙两侧的填土情况及下游连接段两侧扭面。整个合成视图较清楚地表达了进水闸上下游立面布置情况及两岸的连接情况。

C—C 断面剖切在消力池中部，表达消力池边墙断面形式、尺寸和结构。边墙为钢筋混凝土结构。

（3）其他表达方法　图样主要表达进水闸，所以在平面图、纵剖视图、合成视图中，闸室上部的工作桥及其上的闸门启闭操纵系统等均未画出，为拆卸画法。

上、下游渠道两侧坡面，消力池中 1∶2 的斜坡面均用长短相间、间隔相等的示坡线表示。在纵剖视图和 A—A、B—B 合成视图中柱面均用由密到疏的素线表示。下游连接段两侧坡面为扭面，其上的素线在纵剖视图中画成水平线，在平面图和 A—A、B—B 合成视图中均画成放射状直线。

由于水工建筑物的体积一般都比较大，其钢筋在混凝土中的用量不如房屋建筑，故习惯上将水工图中钢筋混凝土的材料用混凝土图例代替。

（4）尺寸　首先，了解进水闸设计图中各个高程尺寸。从图 9-27 知，除消力池底部高程为 9.50m 外，上、下游渠道底部，上、下游连接段底部，闸室底板等的高程均为 10.00m。整个进水闸的顶部高程均为 13.30m。通过了解高程可知，进水闸高度为 3.30m。

其次，了解进水闸长度的尺寸。从图 9-27 中的纵剖视图知，闸室和消力池的长度均为 5m，上、下游连接段长度分别为 3m 和 5m。

最后，了解进水闸宽度方向尺寸。从图 9-27 中的平面图、A—A、B—B 合成视图、C—C 断面图知，呈梯形的上、下游渠道底部宽度为 6.6m，顶部宽度为 12.6m。闸室和消力池宽度均为 6.6m，闸室中的每孔宽度为 2.8m。

【例 9-2】　阅读枢纽布置图 ［图 9-28（a）、（b）、（c）］。

读图的步骤如下：

（1）概括了解　通过初步阅读，了解枢纽的功能及其组成部分。

从图 9-28（a）的枢纽平面布置图可以看出：枢纽主体工程由拦河坝和引水发电系统两部分组成。对照图 9-28（b）的拦河坝的立面图和图 9-28（c）的溢流坝段和泄洪坝段的图样可知：拦河大坝为混凝土重力拱坝，包括溢流坝段和非溢流坝段，用于拦截河流、蓄水和抬高上游水位。溢流段位于河道中央，采用高孔溢流和中孔泄洪相结合的方式。高孔溢流坝面顶部高程为 404m，中孔底坎高程为 350m，相间排列。设有平板闸门和弧形闸门，用于上游发生洪水时开启闸门泄流。

引水发电系统是利用高坝蓄水形成的水位差和流量，通过水轮发电机组进行发电的专用工程。本工程大坝下游左、右岸建有两个电站厂房，左岸为地面厂房，两侧的主厂房内共有五台水轮发电机图。因左右两岸的电站均为引水式，所以分别设有压力引水隧洞、尾水渠和开关站等。

（2）深入阅读　通过深入阅读各个视图、剖视图，读懂拦河大坝和电站的各个部分。

本工程由枢纽平面布置图，上、下游立面图，泄洪孔坝段剖视图等表达这个枢纽的总体布置。图中采用了较多的示意、简化、省略的表达方式。

枢纽平面布置图：表达了地形、河流、指北针、坝轴线位置、各建筑物的布置、建筑物与地面的交线，以及主要高程和主要轮廓尺寸。

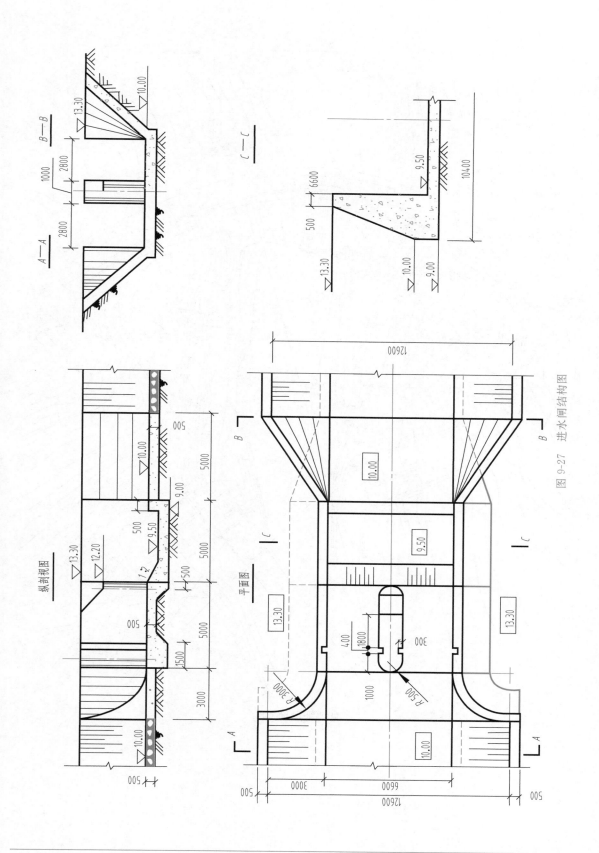

图 9-27 进水闸结构图

枢纽平面布置图   0 20 40 60m

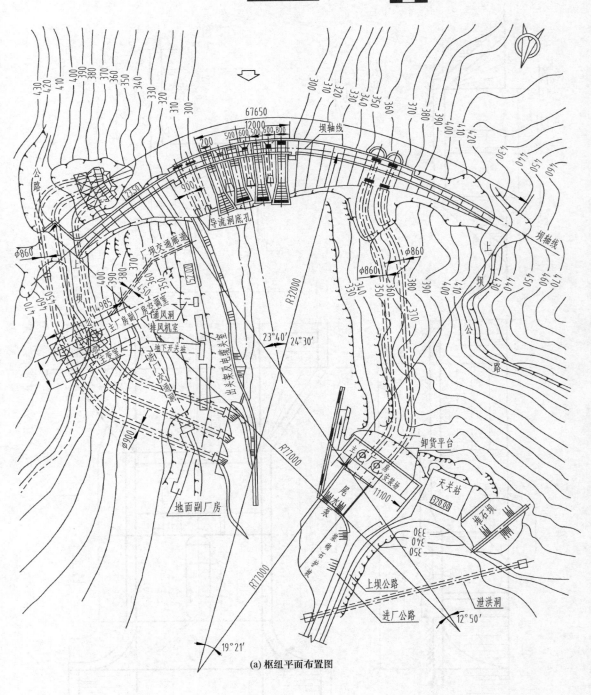

(a) 枢纽平面布置图

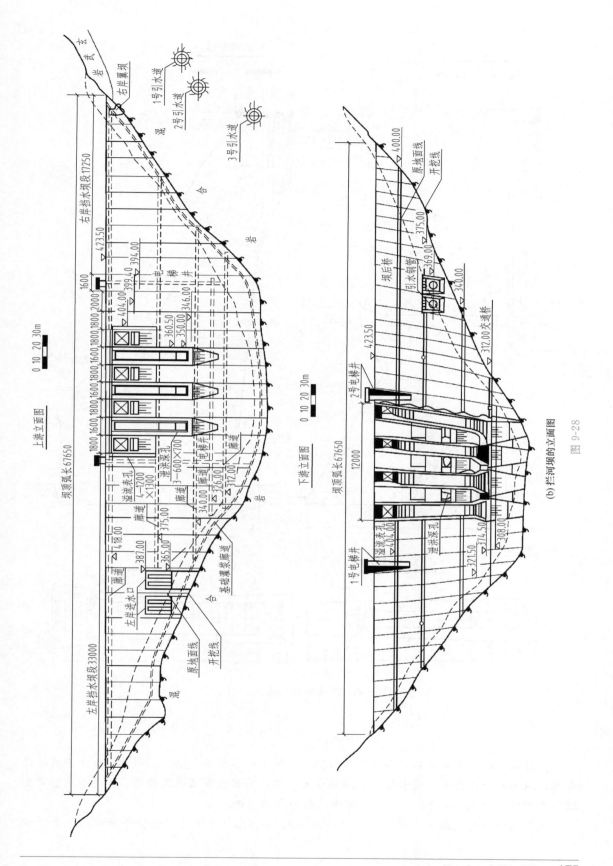

(b) 拦河坝的立面图

图 9-28

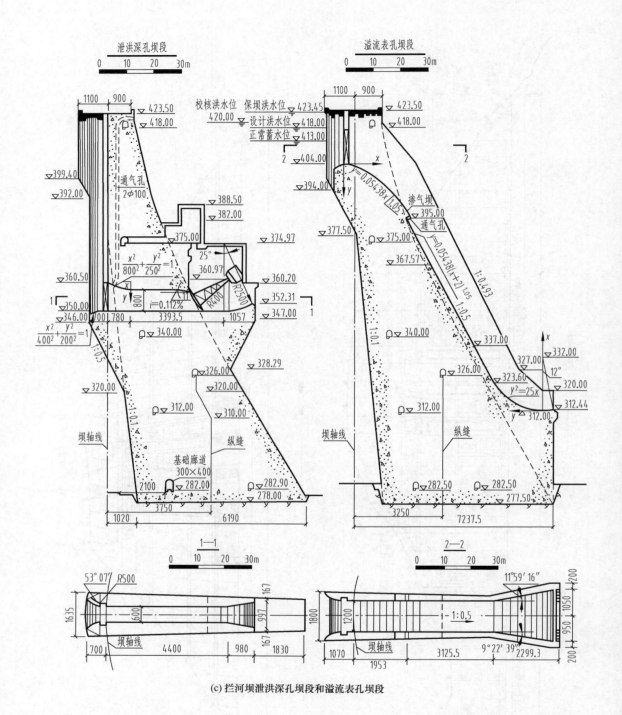

图 9-28　枢纽布置图

上游立面图（展开画法）和下游立面图：表达了河谷断面、溢流孔的进出口立面情况及高程，坝体的分段情况，引水隧道的立面位置，坝顶高程及各层廊道的高程，两个电梯井由坝顶直通高程为 321m 的廊道，成为坝体纵向的交通通道。

从深孔坝段剖视图可以看出：泄洪孔宽 6m、高 8m，进口设有检修平板闸门，出口设有弧形工作闸门。进口成喇叭形，左右有圆柱面，上下表面为椭圆柱面。出口有反圆弧段相接，水平呈扩散状。282.00m 高程设有 3m×4m 基础灌浆廊道。326m 高程设有纵缝检修廊道。375.00m 高程设有交通廊道与闸门启闭机房相通。启闭机为附属设备，图中省略未画。

从溢流表孔坝段剖视图可以看出：溢流堰堰头型式为幂曲线堰面，在堰面 395m 高程处设掺气坎，两侧导墙上设有通气孔向水舌底部自然通气，以免坝面产生气蚀。溢流面下反弧段，选用抛物线与圆弧组合方式，连接挑流鼻坎，水平呈扩散状。溢流孔宽 12m，进口设有平板闸门，此坝段廊道布置情况与深孔坝段相同。

（3）归纳总结　通过总结，对枢纽有一个整体概念。

对上述概括了解和深入阅读进行总结归纳，便可对这个水电站枢纽的主要水工建筑物的大小、形状、位置、作用、结构特点、材料等，有一个比较完整和清晰的整体概念。

9.4.2　水利工程图的绘制

绘制水工图样比阅读需要更多、更宽的基础和专业知识，因此对于初学者而言，一般可以从抄绘图样和补绘视图起步，了解水工结构的特点，熟悉常见水工建筑物的表达方法，并在初步掌握水工建筑物设计原理的基础上，达到设计绘图能力的逐步提高。尽可能多地接触和阅读已有的图样，是提高工程图样表达能力和拓宽设计思路的重要途径。

绘制和阅读水工图样除了要遵循《技术制图》的有关规定外，还应注意 SL 73.1—2013《水利水电工程制图标准　基础制图》中的行业特色要求和最新修订信息，这些标准会反映出水工图的行业特点和差异。

绘制水利工程图的一般步骤如下。

① 了解工程建筑物的概况，分析确定要表达的内容。

② 根据建筑物的结构特点，进行视图选择，确定表达方案。尽管水工建筑物类型众多，形式各异，其主体结构的图示方法有一定的规律和习惯，常见的过水建筑（如水闸、涵洞、船闸等），一般以纵剖视图、平面图、上下游立面图等表达；大坝、水电站、码头等建筑物，一般以平面布置图、上下游（正）立面图、典型断面图表达。分部结构和结构细部主要以剖视图或断面图表达，其剖切方法和视图数量视结构情况和复杂程度而定。

③ 选择适当的绘图比例并布置图面。在视图表达清楚的前提下，应尽量选取较小的比例。

④ 绘图时，应先画特征明显的视图，后画其他视图；先画主要部分，后画次要部分；先画大轮廓、后画细部结构。同时，画出应表达的有关符号和图例。

⑤ 正确、齐全、清晰、合理地标注尺寸。

⑥ 画断面上的建筑材料图例。

⑦ 填写必要的文字说明。

复习思考题

1. 水工图的图示方法有哪些，各有什么特点？

2. 水工图的尺寸标注有哪些特点？标高符号在图样中如何绘制？

3. 水工图中视图如何命名？视图绘制和布置有什么规定和要求？

4. 常见的水工建筑物（如水闸、涵洞、坝）的视图如何配置？各视图的表达内容主要有哪些？

5. 绘制和阅读水工图需要注意哪些问题？如何阅读和绘制水工图？

第10章
建筑施工图

建筑工程图用来表达建筑物的规划位置、外部形状、内部布置以及内外装饰材料等内容。房屋建筑图是用来指导房屋建筑施工的依据，又称为施工图。

10.1 概　述

10.1.1 房屋的各组成部分及其作用

如图 10-1 所示为某住宅楼的剖切轴测图，各种功能不同的房屋建筑，一般由以下几部分组成。

（1）基础　室内地面以下的承重部分，承受上部传来的荷载并传给地基，起支撑房屋的

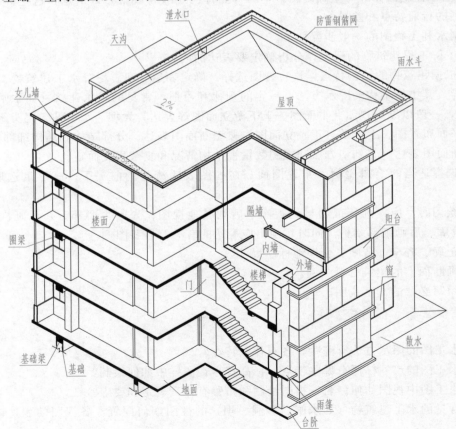

图 10-1　房屋的组成

作用。

（2）墙或柱　承受上部墙体及楼板、梁等传来的荷载并传给基础。外墙兼有维护作用，内墙兼有分隔作用。

（3）楼（地）面　房屋中水平方向的承重构件，将荷载传给墙、柱等，同时起分层作用。

（4）楼梯　房屋垂直方向的交通设施。

（5）屋顶　房屋顶部的承重结构，起着承重、维护、隔热（保温）和防水的作用。

（6）门窗　门主要供人们内外交通和分隔房间之用；窗则主要起采光、通风、分隔、围护的作用。

另外建筑物一般还有散水（明沟）、台阶、雨篷、阳台、女儿墙、雨水管、消防梯、水箱间、电梯间等其他构配件和设施。

10.1.2　房屋施工图的分类

房屋施工图是建造房屋的技术依据。为了方便工程技术人员设计和施工应用，按图纸的专业内容、作用不同，将完整的一套施工图进行如下分类。

（1）建筑施工图（简称建施）　建筑施工图包括总平面图、平面图、立面图、剖面图和构造详图等。

（2）结构施工图（简称结施）　结构施工图包括结构设计说明、基础图、结构平面布置图和结构构件详图。

（3）设备施工图（简称设施）　设备施工图包括给水排水、采暖通风、电气专业的平面布置图、系统图和详图，分别简称水施、暖施和电施。

10.1.3　建筑施工图的一般规定

10.1.3.1　比例

国家在《建筑制图标准》（GB/T 50104—2010）中，对建筑施工图的绘图比例作了如下规定。

总平面图常用的比例：1∶2000、1∶1000、1∶500 等。

建筑平面图、立面图、剖面图常用的比例：1∶200、1∶150、1∶100、1∶50 等。

详图常用的比例：1∶50、1∶30、1∶20、1∶10、1∶5、1∶2、1∶1、2∶1 等。

10.1.3.2　图线

房屋建筑施工图中为了使所表达的图样层次分明，重点突出，采用不同的线型和线宽，《建筑制图标准》（GB/T 50104—2010）中对各种图线的应用有明确的规定，见表 10-1。

表 10-1　建筑专业制图中常用图线

名　称	线　型	线宽	一　般　用　途
粗实线	———————	b	（1）平、剖面图中被剖切的主要建筑构造（包括构配件）的轮廓线 （2）建筑立面图或室内立面图的外轮廓线 （3）建筑构造详图中被剖切的主要部分的轮廓线 （4）建筑构配件详图中的外轮廓线 （5）平、立、剖面的剖切符号

名　称	线　　型	线宽	一　般　用　途
中粗实线	——————	0.7b	(1)平、剖面图中被剖切的次要建筑构造（包括构配件）的轮廓线 (2)建筑平、立、剖面图中建筑构配件的轮廓线 (3)建筑构造详图及建筑构配件详图中的一般轮廓线
中实线	——————	0.5b	小于0.7b的图形线、尺寸线、尺寸界线、索引符号、标高符号、详图材料做法引出线、粉刷线、保温层线、地面、墙面的高差分界线等
细实线	——————	0.25b	图例填充线、家具线、纹样线等
中粗虚线	— — — —	0.7b	(1)建筑构造详图及建筑构配件不可见的轮廓线 (2)平面图中的起重机（吊车）轮廓线 (3)拟建、扩建建筑物轮廓线
中虚线	— — — —	0.5b	投影线、小于0.5b的不可见轮廓线
细虚线	— — — —	0.25b	图例填充线、家具线等
粗点画线	— · — · —	b	起重机（吊车）轨道线
细点画线	— · — · —	0.25b	中心线、对称线、定位轴线
折断线	—∿—	0.25b	不需要画全的断开界线
波浪线	∼∼∼	0.25b	不需要画全的断开界线、构造层次的断开线

注：室外地坪线线宽可用1.4b。

10.1.3.3　建筑施工图中常用的符号及图例

（1）定位轴线　定位轴线是确定主要承重构件如墙、柱、梁或屋架等结构构件位置的线。一般用细点画线绘制，端部加绘直径为8～10mm的细实线圆，如图10-2所示。

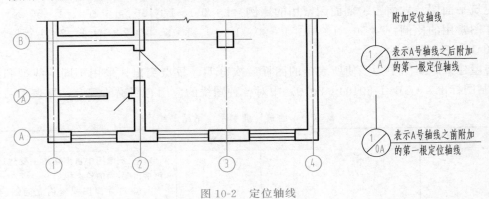

图10-2　定位轴线

轴线的编号应遵守如下规定：在平面图中定位轴线的编号宜标注在图样的下方与左侧。横向编号应用阿拉伯数字，从左至右顺序编写；竖向编号应用大写拉丁字母（I、O、Z除外），从下至上顺序编写。字母数量不够时，可增用双字母或单字母加数字注脚。对于次要构件可用附加定位轴线表示，详见图 10-2。

（2）标高　标高是标注建筑物高度的一种尺寸形式。标高的尺寸单位为 m，标注到小数点后 3 位（总平面图中标注到小数点后两位）。标高符号用细实线按图 10-3 进行绘制，形状为直角等腰三角形。总平面图上的室外地坪标高符号宜用涂黑的三角形表示，见图 10-3（b）。建筑平面图中标高的标注方法见图 10-3（c）。立面图、剖面图等图中标注标高时，标高符号的尖端应指至被注高度的位置，尖端宜向下，也可向上，见图 10-3（d）。零点标高记为"±0.000"，比零点低的加"一"，高的"＋"号省略。在图样的同一位置表示几个不同标高时，标高数字可按图 10-3（e）的形式注写。

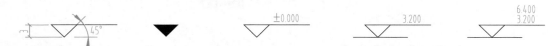

(a)标高符号的画法　(b)总平面图上的室外标高　(c)平面图上的标高符号　(d)立面图与剖面图上的标高符号　(e)多层标注

图 10-3　标高符号画法

标高尺寸由绝对标高与相对标高之分。绝对标高是以我国青岛附近的黄海平均海平面为零点测出的高度尺寸；相对标高是以建筑物首层室内主要地面为零点确定的高度尺寸。

（3）详图索引符号

① 索引符号。图样中某一局部需要另用较大比例绘制的详图表达时，应以索引符号索引。索引符号由直径为 8～10mm 的圆和水平直径组成，均以细实线绘制，如图 10-4（a）所示。横线上部数字为详图的编号，下部数字为详图所在图纸的编号，如下部画一横线表示详图绘在本张图纸上。如详图采用标准图，应在水平直径的延长线上注明标准图集的编号。若索引符号用于索引剖视详图，应在被剖切的部位绘制剖切位置线，引出线所在的一侧为剖视方向，详见图 10-4（b）所示。

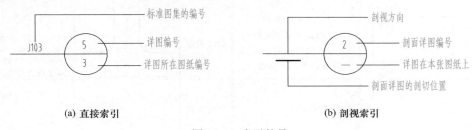

(a) 直接索引　　　　　　　　　　　　(b) 剖视索引

图 10-4　索引符号

② 详图符号。详图符号用来表示详图的编号和位置。详图符号用直径为 14mm 的粗实线圆表示。在圆内标注与索引符号相对应的详图编号。若详图从本页索引，可只注明详图的编号，如图 10-5（a）所示。若从其他图纸上引来尚需在圆内画一水平直径线，上部注明详图编号，下部注明被索引的图纸的编号，如图 10-5（b）所示。

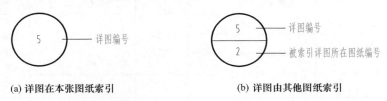

(a) 详图在本张图纸索引　　　　　　　(b) 详图由其他图纸索引

图 10-5　详图符号

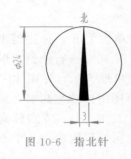

图 10-6　指北针

（4）指北针　指北针用来确定建筑物的朝向，宜用直径为 24mm 的细实线圆加一涂黑指针表示，指针尖为北向，加注"北"或"N"字，尾部宽宜为 3mm，如图 10-6 所示。

（5）常用建筑材料图例　《房屋建筑制图统一标准》（GB/T 50001—2017）中规定了常用建筑材料的图例画法，常用建筑材料图例参见第 6 章表 6-1。

10.2　总平面图

10.2.1　总平面图的形成及作用

（1）总平面图的形成　将新建建筑物周边一定范围内的新建、拟建、原有、拆除的建筑物、构筑物及其地形、地物等用水平投影的方法和相应的图例画出的图样，称为总平面图，如图 10-7 所示。

（2）总平面图的作用　总平面图表明了新建建筑物的平面形状、位置、朝向、外部尺寸、层数、标高以及与周围环境的关系、施工定位尺寸，也是土方计算和水、暖、电等管线设计的依据。

10.2.2　总平面图常用图例

总平面图中常用一些图例表示建筑物及绿化等，如表 10-2 所示。

表 10-2　总平面图常用图例

名称	图例	备注	名称	图例	备注
新建建筑物	6	（1）用粗实线表示 （2）用▲表示出入口 （3）在图形内右上角用点数或数字表示层数	新建道路	R9　0.6　101.00　150.00	"R9"表示道路转弯半径，"150.00"为道路中心控制点标高，"0.6"表示 0.6% 的纵向坡度，"101.00"表示变坡点距离
原有建筑物		用细实线表示	原有道路		
计划扩建的建筑物或预留地		用中虚线表示	计划扩建道路		
拆除的建筑物		用细实线表示	护坡		边坡较长时，可在一端或两端局部表示
坐标	X 105.00　Y 425.00	表示测量坐标	围墙及大门		上图为实体性质的围墙 下图为通透性质的围墙
	A 131.51　B 278.25	表示建筑坐标	树木		左图表示针叶类树木 右图表示阔叶类树木

10.2.3 总平面图的图示内容

10.2.3.1 图名、比例

图名应标注在总平面图的正下方，在图名下方加画一条粗实线，比例标注在图名右侧，其字高比图名字高小一号或二号，见图 10-7。因总平面图包括的地方范围较大，所以一般采用 1：2000、1：1000、1：500 等小比例绘制。本例绘图比例为 1：500。

10.2.3.2 新建筑物周围总体布局

以表 10-2 中规定的图例来表明新建、原有、拟建的建筑物，附近的地物环境、交通和绿化布置。地形复杂时需要画出等高线，如图 10-7 所示。

10.2.3.3 新建建筑物的朝向、位置和标高

（1）定向　在总平面图中，首先应确定建筑物的朝向。朝向可用指北针或风向频率玫瑰图（图 10-7）表示。风向频率玫瑰图（简称风玫瑰）是根据当地多年平均统计各个方向的风吹次数的百分数值按一定比例绘在十六罗盘方位线上连接而成，风向从外部吹向中心。粗实线为全年风向频率，虚线为夏季风向频率。

（2）定位　房屋的位置可用定位尺寸或坐标确定。定位尺寸应注出与原有建筑物或道路中心线的联系尺寸，如图 10-7 所示。总平面图中还应以 m 为单位，标出新建建筑物的总

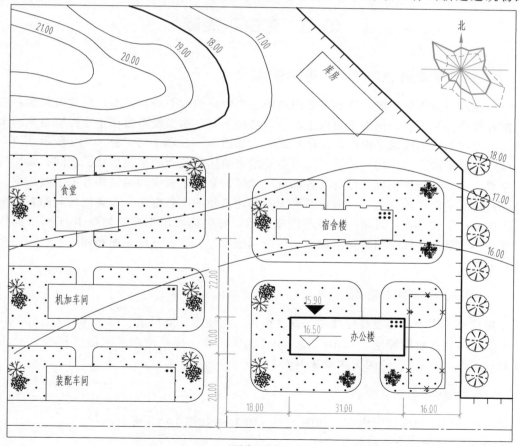

××厂区总平面图　1:500

图 10-7　××厂区总平面图

长、总宽尺寸，如图 10-7 所示。

（3）定高　在总平面图中，需注明新建建筑物室内地面±0.00 处和室外地面的绝对标高，如图 10-7 所示。

10.2.3.4　补充图例或说明

必要时可在图中画出一些补充图例或文字说明以表达图样中的内容。

10.2.4　总平面图的识读

图 10-7 为××厂区总平面图，绘图比例 1：500。从图中可以看到，厂区内新建一栋六层的办公楼，朝向坐北朝南，长 31.00m，宽 10.00m，新建筑物是根据原有道路和建筑物来定位，图中尺寸"20.00"是新建筑物与东西方向道路中心线间的距离尺寸；"18.00"为新建筑物与南北方向道路中心线间的距离尺寸；"22.00"是新建筑物与原有六层建筑（宿舍楼）间的距离，"16.00"是新建筑物到围墙的距离。室内±0.00 处地面相当于绝对标高的16.50m，室外绝对标高为 15.90m，可知室内外高差 0.6m。东侧有一需拆除建筑物，东侧设有围墙，围墙外侧为绿化带。新建筑物北面有一栋六层的宿舍楼；西面有两栋二层的厂房，分别为机加车间和装配车间。建筑物周围都种有针叶类、阔叶类树木，有较好的绿化环境。

10.3　建筑平面图

10.3.1　建筑平面图的形成、作用及分类

（1）建筑平面图的形成　建筑平面图是用一个假想的水平剖切平面，沿建筑物窗台以上部位剖开整幢房屋，移去剖切平面以上部分，将余下的向水平投影面作正投影所得到的水平剖面图，习惯上称为建筑平面图，简称平面图。如图 10-8、图 10-9、图 10-10 所示。

（2）建筑平面图的作用　建筑平面图主要用来表达建筑物的平面形状、房间布置、门窗洞口位置、各细部构造位置、设备、各部分尺寸等，是施工放线和编制预算的主要依据。

（3）建筑平面图的分类　一般建筑平面图与建筑物的层数有关。若各层房间布置完全相同的多层或高层建筑物，可用一个平面图来表示，称为标准层平面。如图 10-1 所示的住宅楼，房屋的底层和顶层平面布局不相同，应分别绘出。二层、三层平面相同，可合画一个标准层平面图。

10.3.2　建筑平面图中常用图例

在建筑平面图中，各建筑配件如门窗、楼梯、坐便器、通风道、烟道等一般都用图例表示，下面将《建筑制图标准》（GB/T 50104—2010）和《建筑给水排水制图标准》（GB/T 50106—2010）中一些常用的图例摘录为表 10-3。

10.3.3　平面图的图示内容

建筑平面图应包含以下内容，如图 10-8、图 10-9 和图 10-10 所示。

① 图名、比例、定位轴线及编号。

② 建筑物的平面布置，包括墙、柱的断面，门窗的位置、类型及编号，各房间的名称等。按实际绘出外墙、内墙、隔墙和柱的位置，门窗的位置、类型及编号，各房间形状、大

表 10-3　常用建筑构造及配件图例

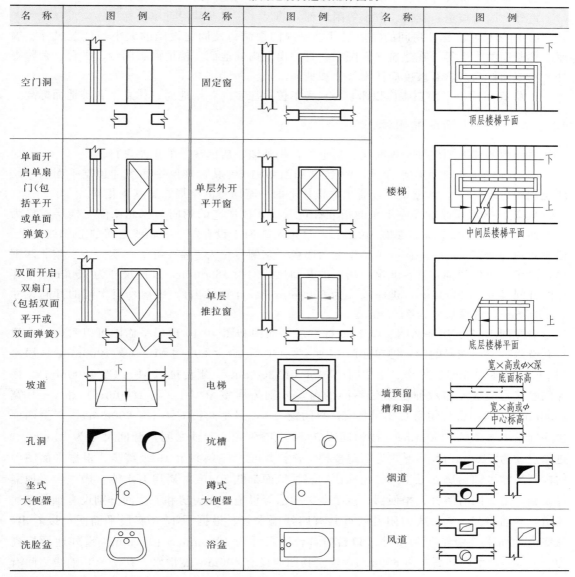

小和用途等。要求砌体墙涂红，钢筋混凝土涂黑。门的代号为 M，窗的代号为 C，代号后面是编号。同一编号表示同一类型的门窗，其构造和尺寸完全相同。

③ 其他构配件和固定设施的图例或轮廓形状。在平面图上应绘出楼（电）梯间、卫生器具、水池、橱柜、配电箱等。底层平面图还会有入口（台阶或坡道）、散水、明沟、雨水管、花坛等，楼层平面图则会有本层阳台、下一层的雨篷顶面和局部屋面等。

④ 各种有关的符号。在底层平面图上应画出指北针和剖切符号。在需要另画详图的局部或构件处，画出详图索引符号。

⑤ 平面尺寸和标高　建筑平面图上的尺寸分为外部尺寸和内部尺寸。

a. 外部尺寸。为了便于读图和施工，外部通常标注三道尺寸：最外面一道是总尺寸，表示房屋外墙轮廓的总长、总宽；中间一道是定位轴线间的尺寸，一般表明房间的开间、进深（相邻横向定位轴线间的距离称为开间，相邻纵向定位轴线间的距离称为进深）；最靠近图形的一道是细部尺寸，表示房屋外墙上门窗洞口等构配件的大小和位置。

室外台阶或坡道、花池、散水等附属部分的尺寸，应在其附近单独标注。

b. 内部尺寸。标注房间的净空尺寸，室内门窗洞口及固定设施的大小与位置尺寸、墙厚、柱断面的大小等。在建筑平面图中，宜注出室内外地面、楼地面、阳台、平台、台阶等处的完成面标高。若有坡度应注出坡比和坡向。

c. 标高尺寸。平面图中应以米（m）为单位标注室内各层地面、休息平台等地面标高。

10.3.4　建筑平面图的识读

平面图的读图顺序按"先底层、后上层，先外墙、后内墙"的思路进行。

图 10-8 为某住宅底层平面图，图 10-9 和图 10-10 为其标准层平面图和顶层平面图。绘图比例均为 1∶100。从图中可以看出，该住宅的一至四层的格局布置基本相同。

从图 10-8 底层平面图左下角的指北针可看出，该住宅的朝向为坐北朝南。楼层布局为一梯两户，总长 18.74m，总宽 10.22m。单元入口 M-1 设在⑤～⑥轴线之间的Ⓓ轴线墙上。西侧住户为两室一厅、一厨一卫、南北两阳台；东侧住户为三室一厅、一厨一卫、南北两阳台，厨房、卫生间都布置在北侧。居室的开间尺寸均为 3600mm，进深尺寸为 4500mm，客厅的开间尺寸为 3600mm，进深尺寸为 6300mm（经计算得出），厨房、卫生间的开间尺寸为 2100mm，进深尺寸为 2700mm。

对照图 10-8 底层平面图、图 10-9 标准层平面图和图 10-10 顶层平面图可以看到，该建筑共有六种不同编号的门，即单元门 M-1（宽 1300mm）、入户门 M-2（宽 1000mm）、居室门 M-3（宽 900mm）、厨房、卫生间门 M-4（宽 800mm），阳台拉门 M-5（宽 1400mm），楼梯间贮藏室门 M-6；六种窗编号不同的窗，分别为居室窗 C-1（宽 1800mm）和 C-3（宽 1500mm），南阳台封闭窗 C-2 和北阳台封闭窗 C-5，卫生间窗 C-4（宽 900mm），二至四层楼梯间窗 C-6（宽 1300mm）。楼梯间设在Ⓑ、Ⓓ和⑤、⑥轴之间，开间尺寸为 2400mm，进深尺寸为 5100mm，其形式为双跑楼梯，从该层至上一层共上 18 级踏步。根据平面图中的标高尺寸可知厨房、卫生间的地面比同层楼地面都低 20mm，厨房有水池、操作台、地漏等设施，卫生间有浴缸、坐便器、洗手盆、地漏等设施，在厨房和卫生间分别设有烟道和通风道。外墙靠②、⑨轴线的阳台附近共有四处雨水管。根据图 10-8 底层平面图可以看出，从室内地面下 3 级踏步到室外入口台阶，台阶尺寸为 1900mm×1050mm。室外地坪标高为－0.60m，室内外高差为 600mm，建筑物四周设有 400mm 宽散水，在⑦～⑧轴线之间有1—1 剖面图的剖切符号，向左进行投射。在标准层平面图还可以看到单元入口上方的雨篷，其尺寸和台阶相同。

10.3.5　建筑平面图的画图步骤

现以图 10-8 底层平面图为例，说明绘制平面图的一般步骤。

（1）确定绘图比例和图幅　先根据建筑物的长度、宽度和复杂程度选择比例，再结合尺寸标注和必要的文字说明所占的位置，确定图纸的幅面。

（2）画底稿

① 布置图面，确定画图位置，画定位轴线，如图 10-11 所示。

② 绘制墙（柱）轮廓线及门窗洞口线、门窗图例符号等，如图 10-12 所示。

③ 绘制其他构配件，如台阶、楼梯、散水、卫生器具等。如图 10-13 所示。

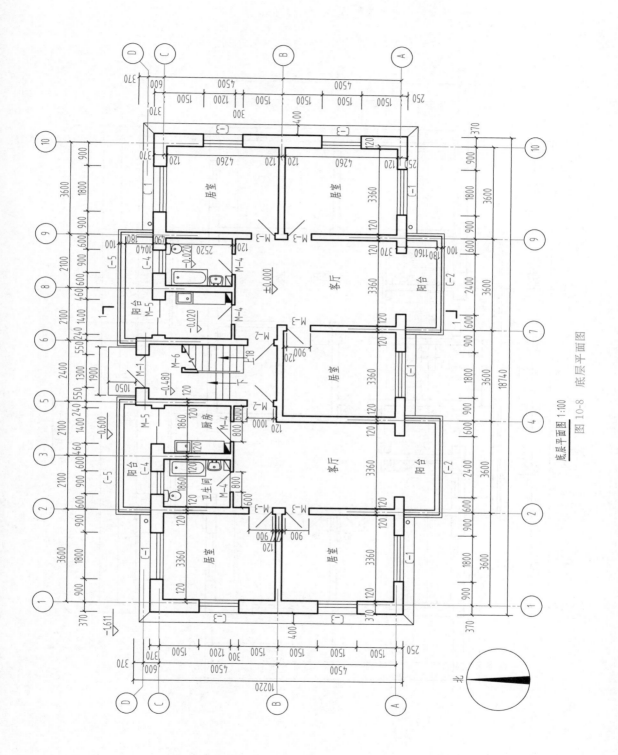

底层平面图 1:100

图 10-8 底层平面图

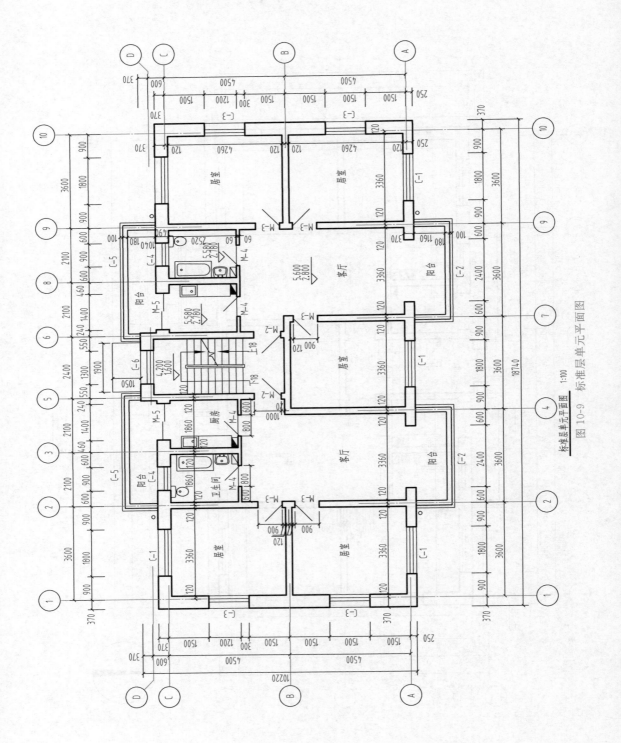

标准层单元平面图 1:100

图10-9 标准层单元平面图

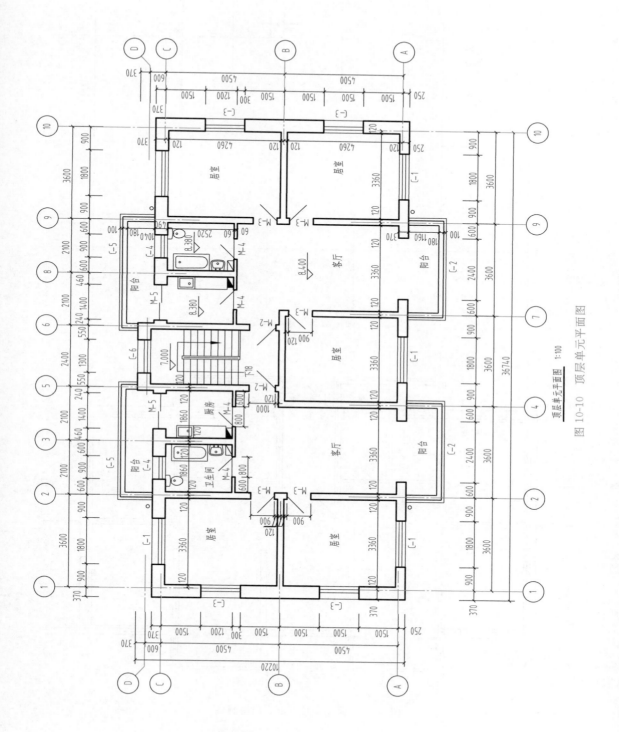

顶层单元平面图 1:100

图 10-10 顶层单元平面图

图 10-11　确定画图位置，画定位轴线

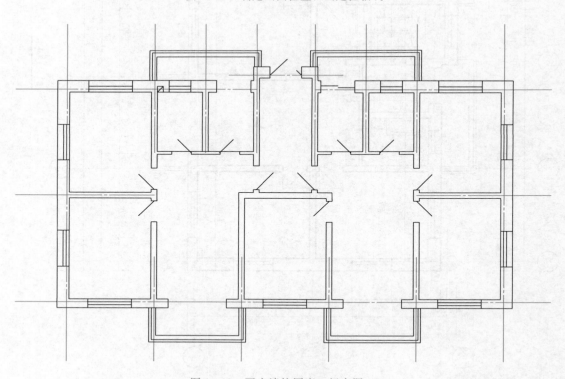

图 10-12　画出墙柱厚度、门窗洞口

（3）加深图线　仔细检查，无误后，按照《建筑制图标准》（GB/T 50104—2010）中对各种图线应用的规定加深图线，如图 10-14 所示。

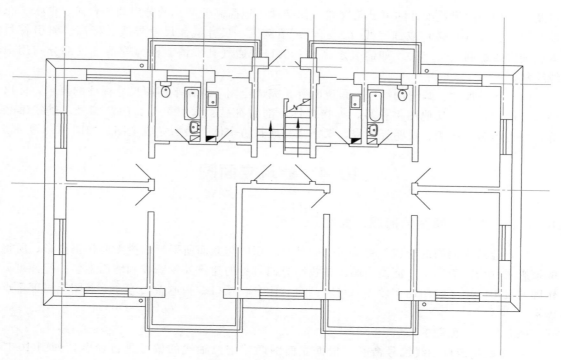

图 10-13　画出其他构配件

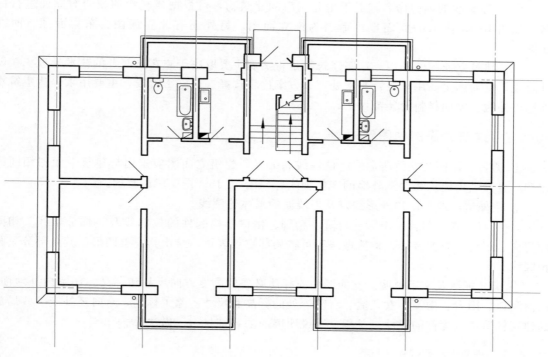

图 10-14　加深图线

　　建筑平面图中的图线主要有以下几种：凡是被剖切到的主要建筑构造如墙、柱断面的轮廓线用粗实线（b）；被剖切到的次要建筑构造，如玻璃隔墙、门扇的开启线、窗的图例线以及为剖切到的建筑配件的可见轮廓线，如楼梯、地面高低变化的分界线、台阶、散水、花池等用中实线（0.5b）或细实线（0.25b）；图例线、尺寸线、尺寸界线、标高、索引符号等用细实线绘制（0.25b）。如需表示高窗、洞口、通气孔、槽、地沟等不可见部分则用虚线绘制。

（4）注写尺寸、画图例符号、写说明等，完成全图　根据平面图尺寸标注的要求，标出各部分尺寸，画出其他图例符号，如指北针、剖切符号、索引符号、门窗编号、轴线编号等，注写图名、比例、说明等内容，汉字宜写成长仿宋体，最后完成全图，如图 10-8 所示。

10.4　建筑立面图

10.4.1　建筑立面图的形成、命名及作用

（1）建筑立面图的形成　将建筑物的各个立面向与立面所平行的投影面作正投影，所得的投影图称为立面图。立面图应画出按投影方向可见的建筑外轮廓线和墙面上各构配件可见轮廓的投影。由于绘图比例较小，可将门窗、阳台、檐口、构造做法等在立面图上局部重点表示。

（2）建筑立面图的命名

① 按两端定位轴线编号命名。根据立面图两端定位轴线的编号进行命名，如图 10-15 所示，图名为①—⑩立面图。

② 按建筑物的朝向命名。对于坐北朝南的建筑物，可根据建筑物的朝向对立面进行命名，如图 10-15 所示的立面也可命名为南立面图，另外还有北立面图、东立面图、西立面图。

（3）建筑立面图的作用　一座建筑物是否美观主要取决于它在立面上的艺术处理。在设计阶段，立面图主要用来进行艺术处理和方案比较选择。在施工阶段，主要用来表达建筑物外形、外貌、立面材料及装饰做法。

10.4.2　建筑立面图的图示内容

① 图名、比例及立面两端的定位轴线和编号。建筑立面图应采用与建筑平面图相同的比例，且只画出建筑物两端外墙的定位轴线，如图 10-15、图 10-16 所示。

② 室外地坪线、屋顶外形线以及外墙面的形体轮廓线。

③ 门窗形式、阳台、雨篷、台阶、勒脚、檐口等构配件的轮廓线及装饰分格线。相同的门窗、阳台、外檐装修、构造做法等可在局部重点表示，绘出其完整图形，其余部分只画轮廓线。

④ 尺寸标注及文字说明。立面图中应标注必要的高度方向尺寸和标高。如室内外地面、门窗洞口、阳台、雨篷、女儿墙、台阶等处的标高和尺寸。除了标高，有时还补充一些局部的建筑构造或构配件的尺寸。并用文字说明墙面的装饰材料、做法等。

10.4.3　建筑立面图的识读

图 10-15、图 10-16 为某住宅不同侧面的立面图，这些图都采用与平面图相同的比例 1：100 绘制的，反映住宅相应立面的造型和外墙面的装修。从图中可以看出，该住宅为四层，总高 12.10m。整个立面简洁、大方，入口处单元门为三七对开防盗门，门口有一步台

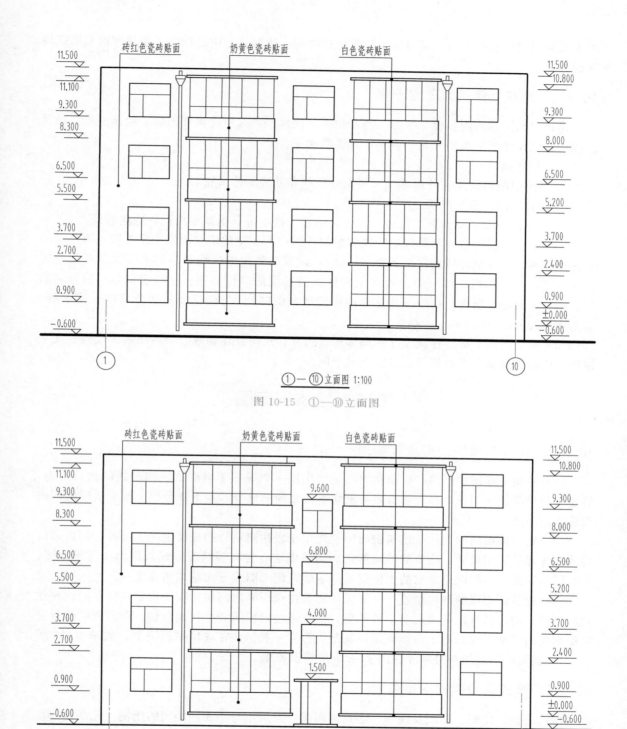

砖红色瓷砖贴面　　奶黄色瓷砖贴面　　白色瓷砖贴面

11.500
11.100
9.300
8.300
6.500
5.500
3.700
2.700
0.900
−0.600

11.500
10.800
9.300
8.000
6.500
5.200
3.700
2.400
0.900
±0.000
−0.600

①－⑩立面图 1:100

图 10-15　①－⑩立面图

砖红色瓷砖贴面　　奶黄色瓷砖贴面　　白色瓷砖贴面

11.500
11.100
9.300
8.300
6.500
5.500
3.700
2.700
0.900
−0.600

9.600
6.800
4.000
1.500

11.500
10.800
9.300
8.000
6.500
5.200
3.700
2.400
0.900
±0.000
−0.600

⑩－①立面图 1:100

图 10-16　⑩－①立面图

阶，上方设有雨篷，靠阳台角处共设有四处雨水管。所有窗采用塑钢窗，分格形式如图所
示。整栋住宅外墙面全部采用砖红色瓷砖贴面，阳台栏板上部采用奶黄色瓷砖贴面，阳台栏

板下部采用白色瓷砖贴面，显得整个建筑色彩协调、明快。图中还标注了楼梯间窗和雨篷顶面的标高。

10.4.4 建筑立面图的画图步骤

建筑立面图的画图步骤与平面图基本相同，同样经过选定比例和图幅、绘制底稿、加深图线、标注尺寸文字说明等几个步骤，现说明如下。

（1）打底稿

① 画出两端轴线及室外地坪线、屋顶外形线和外墙的体形轮廓线。

② 画各层门、窗洞口线。

③ 画立面细部，如台阶、窗台、阳台、雨篷、檐口等其他细部构配件的轮廓线。

（2）检查无误后按立面图规定的线型加深图线 为了使建筑立面图主次分明，有一定的立体感，通常室外地坪线用特粗实线（1.4b）；建筑物外包轮廓线（俗称天际线）和较大转折处轮廓的投影用粗实线（b）；外墙上明显凹凸起伏的部位如壁柱、门窗洞口、窗台、阳台、檐口、雨篷、窗楣、台阶、花池等用中实线（0.5b）；门窗及墙面的分格线、落水管、引出线用细实线（0.25b）绘制。

（3）完成全图 标注标高尺寸和局部构造尺寸，注写首尾轴线，书写图名、比例、文字说明、墙面装修材料及做法等，最后完成全图。

10.5 建筑剖面图

10.5.1 建筑剖面图的形成及作用

（1）建筑剖面图的形成 建筑剖面图是假想用一个垂直于横向或纵向轴线的剖切平面，将建筑物沿某部位剖开，移去观察者与剖切平面之间的部分，余下部分作正投影所得的剖视图称作剖面图。

（2）建筑剖面图的作用 建筑剖面图主要用于表达建筑物的分层情况、层高、门窗洞口高度及各部分竖向尺寸，简要的结构形式和构造做法、材料等情况。建筑剖面图与平面图、立面图相互配合，构成建筑物的主体情况，是建筑施工图的三大基本图样之一。

（3）建筑剖面图的剖切位置 一般民用建筑物选用横向剖切，剖切位置选择在能反映建筑物全貌、构造特性以及有代表性的部位，经常通过门窗洞和楼梯间剖切，剖面图的数量应根据房屋的复杂程度和施工需要而定，其剖切符号一般标注在底层平面图上。如图 10-17 所示 1—1 剖面图的剖切符号标注在图 10-8 底层平面图中。

10.5.2 建筑剖面图的图示内容

（1）图名、比例、轴线及编号 建筑剖面图一般采用与平面图相同的比例。凡是被剖切到的墙、柱都应标出定位轴线及其编号，以便与平面图进行对照，如图 10-17 所示。

（2）剖切到的构配件 剖面图上要绘制剖切到的构配件以表明其竖向的结构形式及内部构造。例如室内外地面、楼地面及散水、屋顶及其檐口，剖到的内墙、外墙、柱及其构造、门、窗等，剖到的各种梁、板、雨篷、阳台、楼梯等。剖面图中一般不画基础部分。

（3）未剖切到但可见的构配件 剖面图中要绘制未剖切到的构配件的投影。例如看到的墙、柱、门、窗、梁、阳台、楼梯段、装饰线等。

（4）尺寸标注

① 标高尺寸。室内外地面、各层楼地面、台阶、楼梯平台、檐口、女儿墙顶等处标注建筑标高；门窗洞口等处标注结构标高。

② 竖向构造尺寸。通常标注外墙的洞口、层高、总高三道尺寸，内部标注门窗洞口、其他构配件高度尺寸。

③ 轴线尺寸。

（5）其他图例、符号、文字说明　对于因比例较小不能表达的部分，可用图例表示。例如，钢筋混凝土可涂黑，注明详图索引符号等。对于一些材料及做法，可用文字加以说明。

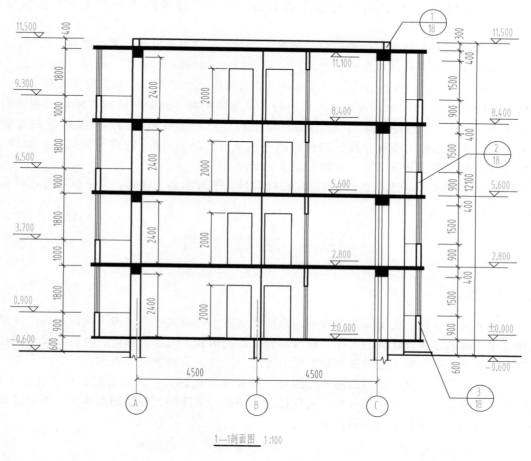

1—1剖面图　1:100

图 10-17　1—1 剖面图

10.5.3　建筑剖面图的识读

对照图 10-8 底层平面图，可知图 10-17 所示 1—1 剖面图是在⑦～⑧轴线间剖切的，向左投影所得的横剖面图，剖切到Ⓐ、Ⓑ、Ⓒ轴线的纵墙及其墙上的门窗，图中表达了住宅地面至屋顶的结构形式和构造内容。反映了剖切到的南阳台、Ⓐ轴墙上的门洞口、厨房 M-4 的门、Ⓒ轴墙上 M-5 推拉门、北阳台的结构形式及散水、楼地面、屋顶、过梁、女儿墙的构造；同时表示了剖切后可见的居室门 M-3 及分户门 M-2 等构造。从图 10-17 中可以看出，住宅共四层，各层楼地面的标高分别±0.000、2.800m、5.600m 及 8.400m，层高 2.800m，女儿墙顶面的标高为 11.500m，室外地面标高为 -0.600m。阳台窗 C-2 和 C-5 高 1800mm，窗台高 900mm，门洞高 2400mm，居门室 M-3 和分户门 M-2 高 2000 等。此住宅垂直方向的承重构件为砖墙，水平方向的承重构件为钢筋混凝土梁和楼板（图中涂黑断面），故为混合结构。在需另见详图的部位，画出了详图索引符号。

10.5.4 剖面图的画图步骤

剖面图的比例、图幅的选择与建筑平面图和立面图相同，其画图步骤如下。

(1) 打底稿

① 画定位轴线、室内外地坪线、楼面线、屋面、楼梯踏步的起止点、休息平台面等。

② 画出剖切到的墙身、门窗洞口、楼板、屋面、平台板厚度等；再画楼梯、梁等。

③ 画出未剖切到的可见轮廓，如墙垛、梁、门窗、楼梯栏杆扶手、雨篷、檐口等。

(2) 检查无误后，按规定线型加深图线　建筑剖面图中的图线一般有以下几种：室内外地坪线用特粗实线 (1.4b)；凡是被剖切到的主要建筑构造、构配件的轮廓线以及很薄的构件（如架空隔热板）用粗实线 (b)；次要构造或构件以及未被剖切到的主要构造的轮廓线如阳台、雨篷、凸出的墙面、可见的梯段用中实线 (0.5b)；细小的建筑构配件、面层线、装修线（如踢脚线、引条线等）用细实线 (0.25b)。

(3) 标注标高和构造尺寸，注写定位轴线编号，书写图名、比例、文字说明等，最后完成全图。

10.6 建 筑 详 图

10.6.1 概述

由于平面、立面、剖面图一般所用的绘图比例较小，建筑中许多细部构造和构配件很难表达清楚，需另绘较大比例的图样，将这部分节点的形状、大小、构造、材料、尺寸用较大比例全部详细表达出来，这种图样称为建筑详图，也称为大样图或节点图。

建筑详图是平、立、剖面图的补充图样，其特点是比例大、图示清楚、尺寸标注齐全、文字说明详尽。常用的详图有三种：楼梯详图、平面局部详图、外墙剖面详图。下面以外墙剖面详图为例说明详图的画法和识读方法。

10.6.2 外墙剖面详图

(1) 形成　外墙剖面详图是将外墙沿某处剖开后投影所形成的。它主要表示外墙与地面、楼面、屋面的构造连接情况以及檐口、门窗顶、窗台、散水、明沟等处的构造情况，是施工的重要依据。

一般外墙剖面详图用 1:20 的比例绘制，经常采用从剖面图上外墙部位索引过来的详图，如图 10-18 中有 3 个详图 $\frac{1}{17}$、$\frac{2}{17}$、$\frac{3}{17}$，是从图 10-17 中索引的。

(2) 图示内容　在多层房屋中，各层的构造情况基本相同，可只表示墙脚、阳台与楼板和檐口三个节点，各节点在门窗洞口处断开，在各节点详图旁边注明详图符号和比例。其主要内容有以下几点。

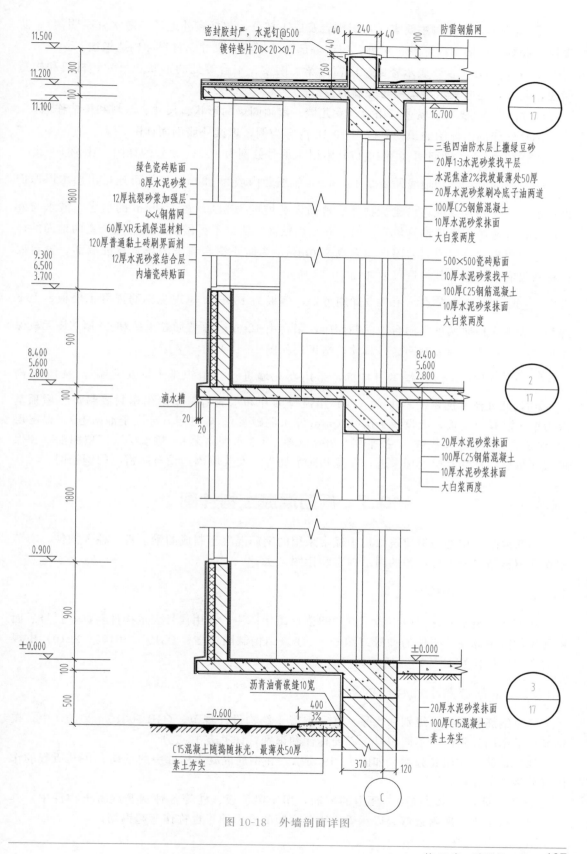

密封胶封严，水泥钉@500
镀锌垫片20×20×0.7
防雷钢筋网

11.500
11.200
11.100

300
100

16.700

1
17

三毡四油防水层上撒绿豆砂
20厚1:3水泥砂浆找平层
水泥焦渣2%找坡最薄处50厚
20厚水泥砂浆刷冷底子油两道
100厚C25钢筋混凝土
10厚水泥砂浆抹面
大白浆两度

绿色瓷砖贴面
8厚水泥砂浆
12厚抗裂砂浆加强层
4×4钢筋网
60厚XR无机保温材料
120厚普通黏土砖刷界面剂
12厚水泥砂浆结合层
内墙瓷砖贴面

1800

9.300
6.500
3.700

500×500瓷砖贴面
10厚水泥砂浆找平
100厚C25钢筋混凝土
10厚水泥砂浆抹面
大白浆两度

900

8.400
5.600
2.800

100

8.400
5.600
2.800

2
17

滴水槽

20
20

1800

20厚水泥砂浆抹面
100厚C25钢筋混凝土
10厚水泥砂浆抹面
大白浆两度

0.900

900

±0.000

±0.000

100

500

3
17

沥青油膏嵌缝10宽

400
3%

20厚水泥砂浆抹面
100厚C15混凝土
素土夯实

−0.600

C15混凝土随捣随抹光，最薄处50厚
素土夯实

370
120

C

图 10-18　外墙剖面详图

① 墙脚。外墙墙脚主要表示一层窗台及以下部分，包括室外地坪、散水（或明沟）、防潮层、勒脚、底层室内地面、踢脚、窗台等部分的形状、尺寸、材料和构造做法。

② 中间部分。主要表示楼面、门窗过梁、圈梁、阳台等处的形状、尺寸、材料和构造做法，此外，还应表示出楼板与外墙的关系。

③ 檐口。主要表示屋顶、檐口、女儿墙、屋顶圈梁的形状、尺寸、材料和构造作法。

（3）外墙剖面详图的识读   以图 10-18 内容为例，识读外墙剖面详图。

该详图由 1—1 剖面图（图 10-17）索引，编号分别为 1、2、3 号的详图，比例 1∶20。

$\frac{3}{17}$ 墙脚节点。ⓒ轴线外墙厚 490mm，轴线距内墙为 120mm。为迅速排出雨水以保护外墙墙基免受雨水侵蚀，沿建筑物外墙地面设有坡度为 3%、宽 400mm 的散水，散水与外墙面接触处缝隙用沥青油膏填实。由于外墙面贴面，所以不另做勒脚层。底层室内地面的详细构造用引出线分层说明。阳台窗台高 900mm，为防止窗台流下的雨水侵蚀墙面，窗台底面抹灰设有滴水槽，其构造尺寸如图 10-18 所示。

$\frac{2}{17}$ 阳台、楼面节点。由节点详图可知，楼板为 100mm 厚现浇钢筋混凝土楼板，上下抹灰，天棚大白浆两度。阳台地面贴面砖，阳台由 120mm 厚普通黏土砖和 60 厚 XR 无机保温材料砌筑而成，内外贴面砖，具体构造做法如图 10-18 所示。

$\frac{1}{17}$ 檐口节点。该建筑不设挑檐，采用女儿墙进行有组织排水。女儿墙厚 240mm 高 300mm，此处泛水的做法是将油毡卷起用镀锌贴片和水泥钉钉牢，用密封胶封严。屋顶基层为钢筋混凝土楼板，上设找平层（20mm 厚水泥砂浆）、隔气层（冷底子油两道）、保温层（水泥焦砟并进行 2% 找坡）、找平层（20mm 厚 1∶3 水泥砂浆）、防水层（三毡四油）和保护层（绿豆砂）共六层处理来进行保温和防水处理。女儿墙周边设有防雷电的钢筋网。

10.7　钢筋混凝土构件图

钢筋混凝土构件是指建筑结构中经常采用的钢筋混凝土制成的梁、板、柱等构件。本节重点介绍钢筋混凝土构件图的图示内容和读图方法。

10.7.1　常用结构构件代号

在钢筋混凝土构件图中，为了方便阅读，简化标注，常用代号表示构件名称，代号后面用阿拉伯数字标注该构件的型号或编号。《建筑结构制图标准》（GB/T 50105—2010）中规定的常用构件代号如表 10-4 所示。

10.7.2　钢筋混凝土构件中的钢筋

（1）钢筋的种类、级别和代号   在《混凝土结构设计规范》（GB 50010—2010）中，按钢筋种类不同分别给予不同编号，以便标注和识别，详见表 10-5 所示。

（2）钢筋的作用和分类   如图 10-19 所示，在钢筋混凝土构件中的钢筋，按其所起的作用可分为如下几种。

① 受力筋——承受拉力、压力的钢筋，用于梁、板、柱等各种钢筋混凝土构件中。其中在梁、板中于支座附近弯起以承受支座负弯矩的受力筋，也称作弯起钢筋。

表 10-4　常用构件代号

序号	名称	代号	序号	名称	代号	序号	名称	代号
1	板	B	15	吊车梁	DL	29	基础	J
2	屋面板	WB	16	圈梁	QL	30	设备基础	SJ
3	空心板	KB	17	过梁	GL	31	桩	ZH
4	槽形板	CB	18	连系梁	LL	32	柱间支撑	ZC
5	折板	ZB	19	基础梁	JL	33	垂直支撑	CC
6	密肋板	MB	20	楼梯梁	TL	34	水平支撑	SC
7	楼梯板	TB	21	檩条	LT	35	梯	T
8	盖板或沟盖板	GB	22	屋架	WJ	36	雨篷	YP
9	挡雨板或檐口板	YB	23	托架	TJ	37	阳台	YT
10	吊车安全走道板	DB	24	天窗架	CJ	38	梁垫	LD
11	墙板	QB	25	框架	KJ	39	预埋件	M
12	天沟板	TGB	26	刚架	GJ	40	天窗端壁	TD
13	梁	L	27	支架	ZJ	41	钢筋网	W
14	屋面梁	WL	28	柱	Z	42	钢筋骨架	G

表 10-5　普通钢筋的种类和符号

种　类(热轧)	代号	直径(d)/mm	屈服强度标准值 f_{yk} /(N/mm²)	备　注
HPB300(热轧光圆钢筋)	Φ	6～22	300	Ⅰ级钢筋
HRB335(热轧带肋钢筋)	Φ	6～50	335	Ⅱ级钢筋
HRB400(热轧带肋钢筋)	Φ	6～50	400	Ⅲ级钢筋
HRB500(热轧带肋钢筋)	Φ	6～50	500	Ⅳ级钢筋

②　钢箍（箍筋）——用以固定受力筋的位置，并承受一部分斜拉应力，多用于在梁和柱内。

③　架立筋——用以固定梁内箍筋位置，与受力筋、箍筋一起形成钢筋骨架。

④　分布筋——用于板或墙内，与板内受力筋垂直布置，与受力筋一起构成钢筋网，使力均匀传给受力筋，并抵抗热胀冷缩所引起的温度变形。

⑤　其他构造筋——因构造要求或施工安装需要配置的钢筋。如图 10-19（b）所示的构造钢筋和吊环。

（3）钢筋的弯钩　为了使钢筋和混凝土具有良好的黏结力，避免钢筋在受拉时滑动，应在光圆钢筋两端做成半圆弯钩或直弯钩，如图 10-20（a）所示。箍筋常采用光圆钢筋，其两端在交接处也要做出弯钩，如图 10-20（b）所示，弯钩的长度一般分别在两端各伸长 50mm 左右。带肋钢筋与混凝土的黏结力强，两端不必加弯钩。

（4）钢筋的保护层　为了保护钢筋，防锈、防火、防腐蚀，保证黏结力，钢筋混凝土构件中的钢筋不能外露，在设计规范中规定在钢筋的外边缘与构件表面之间应留有一定厚度的混凝土作为保护层。一般梁和柱中最小保护层厚度为 25mm，板和墙中钢筋保护层厚度为 10～15mm。

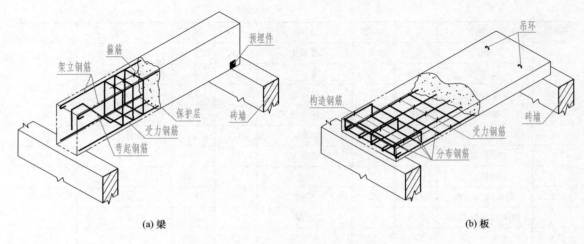

(a) 梁   (b) 板

图 10-19　构件中的钢筋

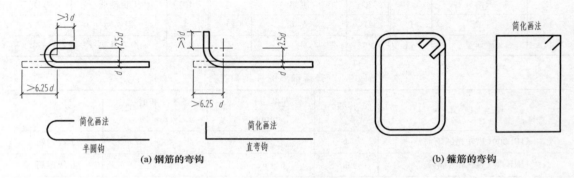

(a) 钢筋的弯钩   (b) 箍筋的弯钩

图 10-20　弯钩的形式及简化画法

10.7.3　钢筋混凝土构件的图示方法

钢筋混凝土结构图不仅要用投影表达出构件的形状，还要表达钢筋本身及其在混凝土中的情况，如钢筋的品种、直径、形状、长度、位置、数量及间距等。因此在绘制钢筋混凝土结构图时，假想混凝土为透明体且不画材料符号，使包含其内的钢筋成为可见，混凝土构件的轮廓线用细或中实线画出，用粗实线或黑圆点（直径小于 1mm）表示钢筋。其他线型的要求见表 10-1。

（1）钢筋混凝土构件图的内容　如图 10-21 所示为钢筋混凝土简支梁的构件详图，包括立面图、断面图、钢筋详图。构件详图一般还包括钢筋用量表，如表 10-7 所示。图中详尽地表达出所配置钢筋的级别、形状、尺寸、直径、数量及摆放位置。

（2）钢筋编号　从图 10-21 中看出，构件中所配的钢筋的规格、形状、等级、直径等是不同的，为便于识读和施工，构件中的各种钢筋应编号，将种类、形状、直径、尺寸完全相同的钢筋编成一个号，有一项不同则另行编号。编号用阿拉伯数字注写在直径为 5～6mm 的细线圆圈内，并用引出线指到对应钢筋上。同时在引出线上标注出相应钢筋的代号、直径、数量、间距等，如图 10-22 所示。箍筋一般不注明根数，而是用等间距代号@后面注名间距表示。

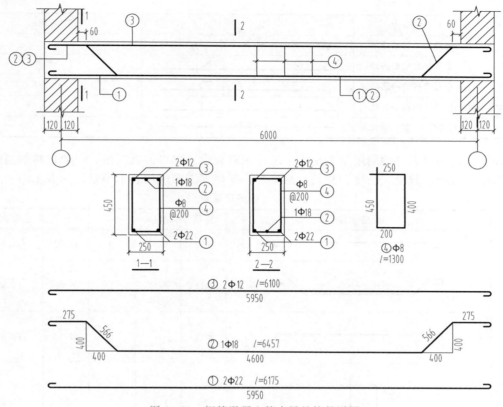

图 10-21　钢筋混凝土简支梁的构件详图

（3）钢筋详图　不能满足施工要求的配筋图，需另绘钢筋详图表示。一般钢筋详图用粗单线画在与立面图相对应的位置，从构件的最上部（或最左侧）的钢筋开始依次排列，并与立面图中的同号钢筋对齐。同号钢筋只画一根，在粗实线表示的钢筋线上标注出钢筋的编号、根数、级别、直径及下料长度 l。

（4）钢筋连接　当构件长于钢筋长度时，钢筋需要连接。连接形式有搭接、焊接等，普通钢筋的表示方法见表 10-6。

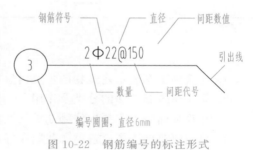

图 10-22　钢筋编号的标注形式

表 10-6　普通钢筋的表示方法

序号	名　称	图　例	说　明
1	钢筋断面	•	
2	无弯钩的钢筋端部		下图表示长、短钢筋投影重叠时，短钢筋的端部用45°斜线表示
3	带半月形弯钩钢筋端部		
4	带直钩的钢筋端部		

序号	名 称	图 例	说 明
5	带丝扣的钢筋端部		
6	无弯钩的钢筋搭接		
7	带半月弯钩的钢筋搭接		
8	带直钩的钢筋搭接		
9	套管接头（花篮螺丝）	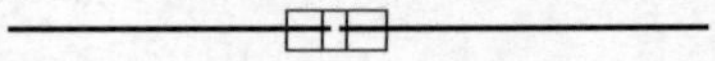	

（5）钢筋用量表　钢筋用量表是为了统计用料而设，也可另页绘制，一般包括钢筋的编号、简图、直径、数量、长度、总长、总重等，并根据需要增加若干项目，如表 10-7 所示。

表 10-7　钢筋用量表

编号	钢筋简图	直径	长度/mm	根数	总长/m	总质量/kg
1		Φ22	6175	2	12.35	36.80
2		Φ18	6457	1	6.46	12.92
3		Φ12	6100	2	12.20	10.83
4	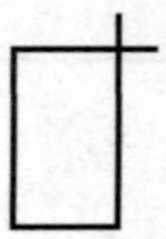	Φ8	1300	31	40.30	15.92

复习思考题

1. 建筑施工图表示建筑物的主要内容有哪些？
2. 简述建筑施工图的分类及作用。
3. 建筑平面图中主要标注哪几类尺寸？尺寸单位是如何规定的？
4. 绘制建筑施工图应遵循哪些国家标准？
5. 总平面图的作用是什么？表示的主要内容有哪些？
6. 常用的建筑详图有哪些？
7. 钢筋混凝土的强度分级的等级是如何划分的？
8. 钢筋按其作用是如何划分的？

附 录

附录A 图 线

表A 工程图样中常用的图线

线宽号	线宽 /mm	图幅				
		A0	A1	A2	A3	A4
7	2.0	特粗线	特粗线			
6	1.4	加粗线	加粗线	特粗线	特粗线	
5	1.0	粗线(b)	粗线(b)	加粗线	加粗线	特粗线
4	0.7			粗线(b)	粗线(b)	加粗线
3	0.5	中粗线($b/2$)	中粗线($b/2$)			粗线(b)
2	0.35			中粗线($b/2$)	中粗线($b/2$)	
1	0.25	细线($b/4$)	细线($b/4$)			中粗线($b/2$)
0	0.18			细线($b/4$)	细线($b/4$)	细线($b/3$)

各类线宽的一般用途:

1. 特粗线:需要特别醒目显示的线条

2. 加粗线:图纸内框线

3. 粗线

(1)粗实线:外轮廓线、主要轮廓线、钢筋、结构分缝线、材料(地层)分界线、坡边线、断层、剖切符号、标题栏外框线。

(2)粗点画线:有特殊要求的线或其表面的表示线。

(3)粗双点画线:预应力钢筋。

4. 中粗线

(1)中粗实线:次要轮廓线、表格外框线、地形等高线中的计曲线。

(2)虚线:不可见轮廓线、不可见过渡线或曲面交线、不可见结构分缝线、推测地层界线、不可见管线。

(3)双点画线:扩建预留范围线、假想轮廓线轴线。

5. 细线

(1)细实线:尺寸线和尺寸界线、断面线、示坡线、曲面上的素线、钢筋图的构件轮廓线、重合断面轮廓线、引出线、折断线、波浪线(构件断裂边界线、视图分界线)、地形等高线中的首曲线、水位线、表格分格线、标题栏分格线、图纸外框线。

(2)细点画线:轴线、中心线、对称中心线、轨迹线、节圆及节线、管线、电气图的围框线。

6. 所有文本均采用0号线宽、0号线型

注:当A0、A1图幅中的线条或文字、数字很密集时,其线宽组合也可按A2图幅的规定执行。

附录 B　图纸字号表

表 B　工程图样中图纸字号

字号	字高 /mm	字宽 /mm	图　幅				
			A0	A1	A2	A3	A4
20	20	14	总标题				
14	14	10		总标题			
10	10	7	小标题		总标题		
7	7	5		小标题		总标题	
5	5	3.5	说明	说明	小标题	小标题	标题
3.5	3.5	2.5	数字、尺寸	数字、尺寸	说明	说明	
2.5	2.5	1.8			数字、尺寸	数字、尺寸	数字、尺寸、说明

注：当 A0、A1 图幅中的线条或文字、数字很密集时，其字号组合也可按 A2 图幅的规定执行。

参 考 文 献

[1] 殷佩生,吕秋灵. 画法几何及水利工程制图. 6 版. 北京:高等教育出版社,2015.

[2] 中华人民共和国水利部. 中华人民共和国水利行业标准. 水利水电工程制图标准:基础制图. 北京:中国水利水电出版社,2013.

[3] 纪花,邵文明. 土木工程制图. 2 版. 北京:中国电力出版社,2016.

[4] 苏宏庆. 画法几何及水利土建工程制图. 成都:电子科技大学出版社,1991.